AF292282

Schriftenreihe des Österreichischen Wasserwirtschaftsverbandes – Heft 31

SCHRIFTENREIHE DES
ÖSTERREICHISCHEN WASSERWIRTSCHAFTSVERBANDES

HEFT 31

Untersuchungen zur Erweiterung der Wasserversorgung Wiens

Ergebnisse der Studienkommission für die Wasserversorgung Wiens

von

Dipl.-Ing. Dr. Alfred Lernhart
Ministerialrat im Bundesministerium für Handel und Wiederaufbau, Wien

Mit einer Grundwasserkarte des südlichen Wiener Beckens

WIEN
SPRINGER-VERLAG
1956

ISBN-13: 978-3-211-80428-5   e-ISBN-13: 978-3-7091-5532-5
DOI: 10.1007/978-3-7091-5532-5

Eigenverlag des Österr. Wasserwirtschaftsverbandes, Wien 1956.
In Kommission bei Springer-Verlag, Wien.

Die Sicherung der Wasserversorgung Wiens war bereits in den ersten
Monaten nach Beendigung des zweiten Weltkrieges Gegenstand einer
Enquete für den Wiederaufbau von Stadt und Land.

Im Frühjahr 1946 veranlaßte das Bundesministerium für Handel und
Wiederaufbau eine Fühlungnahme der Wiener Wasserwerke mit dem
Amte der niederösterreichischen Landesregierung, da begreiflicherweise
das Land Niederösterreich in erster Linie an allen Fragen der Wasser-
erschließung in seinem Territorium interessiert ist. Der Fragenkomplex
für die Wasserversorgung von Wien ging damals schon wie auch heute
weit über die Bedeutung einer neuen Trinkwasserversorgung für Wien
hinaus; die Untersuchungen zeigten immer deutlicher, daß es nur in einer
Gemeinschaftsarbeit aller Interessierten möglich ist, alle wasserwirtschaftlichen Grundlagen zu erfassen.

I. Konstituierung der Studienkommission für die Wasserversorgung Wiens

Im Zuge dieser Entwicklung kam es dann im Dezember des Jahres
1947 zur K o n s t i t u i e r u n g der „S t u d i e n k o m m i s s i o n f ü r
d i e W a s s e r v e r s o r g u n g W i e n s“. Außer dem Bundesministerium für Handel und Wiederaufbau sind in dieser Kommission vertreten:
die Bundesministerien für Land- und Forstwirtschaft sowie für soziale
Verwaltung, der Magistrat der Stadt Wien, das Amt der niederösterreichischen Landesregierung, die Geologische Bundesanstalt, die Landes-
Landwirtschaftskammer für Niederösterreich und Wien, der Österreichische Wasserwirtschaftsverband, der Verein der Gas- und Wasserfach-
männer und die Wasserwerksvereine (Verbände) im südlichen Wiener
Becken.

A u f g a b e d e r S t u d i e n k o m m i s s i o n

ist es also, alle wasserwirtschaftlichen Grundlagen im Raum um Wien,
in erster Linie im südlichen Wiener Becken, zu erstellen und durch die
Auswertung den Verlauf der Planung derart zu lenken, daß neben der
im Vordergrund stehenden Wasserversorgung Wiens und der im Einfluß-
gebiet gelegenen Gemeinden auch alle wasserwirtschaftlichen Auswirkungen harmonisch aufeinander abgestimmt und dadurch die Grundlagen für
eine zweckmäßige und gerechte Nutzung des Wasserschatzes geschaffen
werden.

Die Studienkommission hat nun im Verlaufe von acht Jahren ganze
Arbeit geleistet. Gleich zu Beginn der Arbeiten mußten

getroffen werden, da es zum damaligen Zeitpunkt galt, sowohl für die Gemeinde Wien als auch für eine Reihe von Gemeinden entlang der Trassen der beiden Wiener Wasserleitungen die Versorgungsschwierigkeiten zu beheben. Dabei konnten sehr beachtliche Erfolge erzielt werden.

In erster Linie sei der Ü b e r k o n s e n s a n d e r I. W i e n e r H o c h q u e l l e n l e i t u n g durch Ausnützung der Hochwasserspitzen erwähnt. Die I. Hochquellenleitung wird in der Hauptsache von dem Wasservorkommen im Kaiserbrunnen gespeist, dessen Ergiebigkeit zwischen 60.000 und 170.000 m³/Tag schwankt. Die Gemeinde Wien hat ferner einen Konsens, aus den oberhalb des Kaiserbrunnens gelegenen Quellen, den sogenannten „Oberen Quellen" (Höllental, Fuchspaß, Schütterlehen, Wasseralm und Reistalquelle), eine Wassermenge von zusammen rund 36.000 m³/Tag zu entnehmen. Darüber hinaus anfallende Wassermengen mußten zugunsten der Wasserwerksinteressenten in die Schwarza abgeleitet werden.

Es konnten daher trotz der damaligen Leistungsfähigkeit des Leitungskanals von 150.000 m³/Tag bei schwacher Schüttung des Kaiserbrunnens kaum 100.000 m³/Tag nach Wien gebracht werden, obwohl ein größerer Bedarf in Wien und die entsprechende Quellschüttung im Quellgebiet vorhanden war. Der nunmehr nach Überwindung zahlreicher Widerstände wasserrechtlich genehmigte Überkonsens berechtigt die Wasserwerke, zusätzlich aus den „Oberen Quellen", entsprechend dem Wasserstande in der Schwarza, eine zugeordnete Mehrwassermenge zu entnehmen [1].

Im Zusammenhang mit dem Überkonsens wurden auch einige kleinere b a u l i c h e M a ß n a h m e n von der Studienkommission gutgeheißen und durchgeführt: Eine Nachfassung der Höllental- und Schütterlehenquelle, die Einrichtung geeigneter Wassermeßstellen und schon früher eine hydrologisch günstigere Gestaltung des Leitungskanals nach Wien, wodurch dessen Leistungsfähigkeit von 150.000 m³/Tag. auf 200.000 m³/Tag gesteigert werden konnte. Zur vollen Ausnützung des Überkonsenses sowie zum Speichern der wertvollen Hochwasserspitzen war schon damals der Gedanke eines Leitungsspeichers reif. Die Planung dafür wurde durch die Kommission geprüft und findet durch den inzwischen in Angriff genommenen Bau dieses größten Trinkwasserbehälters Verwirklichung [2] [3].

Eine weitere Sofortmaßnahme im Gebiet der I. Hochquellenleitung wurde im Zusammenhang mit der W a s s e r v e r s o r g u n g v o n T e r n i t z und Umgebung durchgeführt. Die Wasserversorgung dieses Ortes sollte aus einem eigenen Brunnenfeld bei St. Johann im Tal des Sierningbaches mit eigener Pumpwerksanlage erfolgen. Auf Vorschlag der Studienkommission kam es in den Jahren 1949/50 zu einem Wasseraus-

tausch, der darin bestand, daß das überschüssige Wasser des Brunnenfeldes
mittels Wasserstrahlpumpe gehoben und für die Stixensteiner Leitung
überlassen wurde, während die Wiener Wasserwerke zur Versorgung der
Gruppenwasserleitung Ternitz und Umgebung (Pottschach, Wimpassing
und Grafenbach) die notwendige Wassermenge zur Verfügung stellten.
Mit diesem Austausch des Wassers entfällt einerseits die Pumpanlage für
Ternitz, andererseits wird zusätzlich für Wien Wasser gewonnen.

W a s s e r l i e f e r u n g s ü b e r e i n k o m m e n

Die zahlreichen Wasserlieferungsübereinkommen, welche zum damaligen Zeitpunkt mit einer Reihe von Gemeinden abgeschlossen wurden,
geben Zeugnis von der guten Zusammenarbeit in der Studienkommission
und sind nach dem Grundsatz der gegenseitigen Aushilfe angestrebt
worden.

a) A n d e r I. W i e n e r H o c h q u e l l e n l e i t u n g :

Mit den Gemeinden W i e n e r N e u s t a d t , F e l i x d o r f und
S o l l e n a u wurde im Herbst 1951 ein Wasserlieferungsvertrag,
ähnlich dem Abkommen mit Ternitz, abgeschlossen. Die Gemeinden
Felixdorf und Sollenau strebten seit langer Zeit eine zentrale Wasserversorgungsanlage an. In diesem Zusammenhang gebohrte Tiefbrunnen haben einen sehr guten Erfolg erzielt und die Wassermenge
ist bedeutend größer als der Bedarf.

Im Raume W i e n e r N e u s t a d t — W i e n besteht weiter
eine Reihe getrennter Wasserversorgungsanlagen, welche keine richtige Lösung einer modernen Verbundwirtschaft darstellen. Diese
Verhältnisse sind unwirtschaftlich und konnten durch gemeinsame
Maßnahmen, mit Einschluß der Wasserwerke Wiens, wesentlich verbessert werden. Die Studienkommission beschäftigte sich mit dieser
Frage und hat den Wasserwerken der Stadt Wien empfohlen, geeignete Schritte zu unternehmen, um die Wasserversorgung im Raum
Wiener Neustadt—Wien wirtschaftlicher zu gestalten. Neben den
bestehenden Wasserleitungen im Triestingtal, in E n z e s f e l d , in
B a d e n und W ö l l e r s d o r f wäre in diesem Zusammenhang auch
der Wasserversorgung für die Randgemeinden von Wien das Augenmerk zuzuwenden. Inwieweit hier bei allen diesen Fragen eine vernünftige Verbundwirtschaft auf lange Sicht durch die kommende III.
Wiener Wasserleitung zu erzielen sein wird, kann allerdings erst nach
Abschluß aller Vorarbeiten für diese große Planung festgestellt werden. Inzwischen wurden mit dem Triestingtaler Wasserleitungsverband Verhandlungen dahingehend geführt, daß vorerst jene Gebiete
an Wien abgegeben werden sollen, welche (auch nach der nunmehr
erfolgten Rückgliederung der Randgemeinden nach Niederösterreich)
wasserversorgungsmäßig nach Wien einzugliedern beabsichtigt ist.

Im weiteren Verlauf wird auch das Projekt einer Gruppenwasserversorgung im Gebiet von S c h ö n a u und der Anschluß dieser Anlage an die Triestingtaler Wasserleitung verwirklicht werden.

Geradezu als Musterbeispiel einer modernen Verbundwirtschaft kann das Projekt der Wasserversorgung von N e u n k i r c h e n angesehen werden.

Die Stadtgemeinde Neunkirchen besitzt seit dem Jahre 1891 das Recht, aus dem Kanal der I. Wiener Hochquellenleitung unentgeltlich Hochquellwasser im Ausmaß von 566 m³/Tag und darüber hinaus Wassermengen zum gleichen Wasserpreis zu beziehen, wie Hochquellwasser an den Außenstrecken der Hochquellenleitung abgegeben wird. Durch die bevölkerungsmäßige Zunahme der Stadt ist aber der Wasserverbrauch stark gestiegen. Deshalb ist Neunkirchen an die Wasserwerke der Stadt Wien mit dem Ersuchen um Erweiterung der Wasserabgabe herangetreten.

Nun haben die Wiener Wasserwerke im Einvernehmen mit der Studienkommission folgenden Vorschlag gemacht:

Neunkirchen möge in der Nähe der Anlagen der I. Wiener Hochquellenleitung eine Wasserfassungsanlage errichten. Das hier gewonnene Wasser wäre in den Kanal der I. Wiener Hochquellenleitung einzuleiten und an einer geeigneten Stelle für Neunkirchen wieder zu entnehmen. Um jedoch die erforderlichen Druckverhältnisse zu schaffen, könnte die Entnahme an der Einmündungsstelle der Heberleitung vom bereits erwähnten Brunnenfeld von Ternitz bei St. Johann aus dem Stixensteiner Leitungskanal erfolgen. Diese Stelle liegt für das Versorgungsgebiet von Neunkirchen äußerst günstig, und es kann eine Zuleitung durch Gravitation erfolgen. Die Wassergewinnungsstelle wurde im Talkessel oberhalb der Talenge am Fuße des Schlosses Stixenstein, also in unmittelbarer Nähe der Stixensteinerquelle, gefunden, wo Grundwasser in einer Ergiebigkeit von 30 bis 40 l/s erbohrt wurde. Die in Frage stehende Umgebung für diese Wasserfassungsanlage ist bereits Quellschutzgebiet der Stixensteinerquelle und Eigentum der Stadt Wien.

Durch besonders gegebene Verhältnisse ist es unter Ausnützung der sogenannten Kreuzquelle möglich, dieses Grundwasser mittels einer bei den Wiener Wasserwerken bereits wiederholt mit Erfolg angewendeten Spezialeinrichtung von Heber und Wasserstrahlpumpe [4], also ohne besondere Pumpwerks-, Betriebs- und Wartungskosten, in den Leitungskanal der Stixensteinerquelle zu heben. Das Grundwasser dieser Anlage wird in dem Ausmaße für die I. Wiener Hochquellenleitung herangezogen, wie die Gemeinde Neunkirchen aus dieser Hochquellenwasser in einer das Freiwasser übersteigenden Menge entnimmt. Es handelt sich also hier ebenfalls um einen reinen

Tauschwasservertrag. Die Vorteile für beide Vertragspartner, für
Neunkirchen durch Wegfall der teueren Pumpen, für die Wiener
Wasserwerke durch eine zusätzliche einwandfreie Mehrwassermenge,
liegen klar ersichtlich vor.

Für die Gemeinde W e i k e r s d o r f a m S t e i n f e l d wird
die Wasserabgabe aus der I. Wiener Hochquellenleitung als notwendig erachtet.

b) A n d e r I I. W i e n e r H o c h q u e l l e n l e i t u n g :

Die Sofortmaßnahme in der Gemeinde G a m i n g kommt der
II. Hochquellenleitung zugute. Im Zuge der zur Ausführung ge-
langten Wasserversorgungsanlage Gaming konnte zwischen der Gemeinde Gaming und den Wiener Wasserwerken eine Vereinbarung
getroffen werden, wonach die Wasserwerke der Stadt Wien das für
die Wasserversorgung von Gaming erforderliche Wasser aus der
Drainageleitung des Waagstollens, der sogenannten „Stickelleiten-
quelle", zur Verfügung stellen. Da diese Wasserspende mit einer
Ergiebigkeit von 20 bis 40 l/s über dem Wasserbedarf von Gaming
liegt, kann entsprechend der Abmachung das für Gaming nicht be-
nötigte Wasser seitens der Wiener Wasserwerke im Bedarfsfalle in
die II. Wiener Hochquellenleitung, und zwar in den alten Gefälls-
stollen, eingeleitet werden. Auch in diesem Falle handelt es sich um
Vorteile für beide Verhandlungspartner, da die Gemeinde Wien die
Kosten der erstmaligen Herstellung der Fassung und die Zuleitung
zur II. Hochquellenleitung, die Gemeinde Gaming hingegen die
Erhaltung der Anlage übernommen hat.

Ähnliche Wasserlieferungsübereinkommen wurden mit den Gemeinden S c h e i b b s und W i l h e l m s b u r g getroffen, wobei auch
die Möglichkeit der Entwicklung einer G r u p p e n w a s s e r v e r -
s o r g u n g i m E r l a u f t a l e gegeben ist.

Aus diesem Arbeitsbereich der Studienkommission ist ersichtlich, daß
bei richtiger Planung und verständnisvoller Zusammenarbeit höchst wirtschaftliche Lösungen möglich sind [5].

II. Gruppenwasserversorgung für das nördliche Burgenland

Der nördliche Teil des Burgenlandes, das ist das Gebiet zwischen
Leitha- und Rosaliengebirge, von der Westgrenze des Landes bis zum
Neusiedlersee reichend und diesen zum Teil umfassend, mit derzeit ungefähr 270.000 Einwohnern, leidet seit Jahren an ausgesprochenem Trink-
und Nutzwassermangel, wodurch das Auftreten von Typhus begünstigt
wird. Das wenige brauchbare Wasser tritt zum Teil in Form schwach
ergiebiger Hangquellen am Fuße der beiden Gebirgsstöcke auf und reicht
bei weitem nicht hin, den Wasserbedarf der im genannten Gebiet gelege-

nen Gemeinden auch nur annähernd zu decken. Grundwasser findet sich allenfalls nach Durchteufen der zwischen den beiden Gebirgsstöcken abgelagerten 100 bis 300 m starken Tegelschichte und dem Erreichen wasserführender Schotterlagen, ist aber für Trinkwasserzwecke, abgesehen von den außerordentlich hohen Kosten der Brunnenherstellung, infolge seines starken Eisengehaltes und seiner überhöhten Temperatur ohne weitere Aufbereitung nicht zu gebrauchen. Es liegt daher nahe, die 48 Gemeinden des nördlichen Burgenlandes mit einem Wasserbedarf von zirka 400 l/s zentral aus Wasservorkommen zu versorgen, deren Güte und Ausmaß eine hinreichende Sicherheit zur Deckung des gegenwärtigen und zukünftigen Wasseranspruches gewährleistet [6].

Solche Wasservorkommen finden sich auf burgenländischem Gebiet in der Gemeinde Winden, wo eine stärkere Quelle mit einer gemessenen Mindestergiebigkeit von rund 70 l/s zu Tage tritt, wie auch im Becken des südlichen Steinfeldes, das mit seinen Rändern das westliche Burgenland durchzieht. Aus letzterem sollen durch Brunnen rund 320 l/s gewonnen werden. Die Wasserverteilung ist in der Form gedacht, daß aus dem Brunnenfeld südlich und südöstlich von Neudörfl die entsprechenden Wassermengen entnommen und in Hochbehälter gepumpt werden, von wo sie dann durch die Hauptverteilleitung der niederen Zone (Verlauf: Niederzonenbehälter Sauerbrunn, Stinkenbrunn, Müllendorf, Eisenstadt, Deutsch-Schützen, Oslip) sowie durch eine 2. Hauptverteilleitung der hohen Zone (Verlauf: Hochzonenbehälter Sauerbrunn, Mattersburg, Loipersbach, Zagersdorf, St. Margarethen, Oslip) gravitativ in das Versorgungsgebiet geleitet werden und sich über den Hauptbehälter Oslip zum Ring schließen. Die Quellwasser von Winden werden ebenfalls in zwei Behälter gehoben und führen in westlicher Richtung mittels einer Hauptleitung Wasser gravitativ zum Behälter Oslip, in östlicher Richtung Wasser zur Versorgung aller Gemeinden bis einschließlich Weiden am See. In dieses Netz von Hauptleitungen mit einer Gesamtlänge von rund 130 km und Durchmessern von 250 bis 600 mm ist außer den bereits genannten 5 Hauptbehältern noch ein Hauptbehälter bei Baumgarten eingeschaltet. Der gesamte Fassungsraum aller Behälter soll rund 30.000 m³ betragen. Dieser Behälterraum sowie die geplante Ringleitung und die verschiedenen beabsichtigten Drucksteigerungsanlagen und Überpumpwerke verleihen dem Versorgungsgebiet hinreichende Sicherheit im Falle von Gebrechen.

Von den Hauptleitungen zweigen die Zuleitungen zu den einzelnen Ortshochbehältern ab, aus welchen die Versorgung der Gemeinden durch eigene Ortsnetze geplant ist.

Bestehende Ortsnetze, wie zum Beispiel in Eisenstadt, Hornstein, Müllendorf usw., werden in das Netz der Gruppenwasserversorgungsanlage eingebunden. Einzelne Hochbehälter dienen zur Versorgung mehrerer Ortschaften. Die Länge der Zuleitungen zu den Ortsbehältern und der erforderlichen Ortsversorgungsnetze mit Durchmessern von 150 bis. 80 mm beträgt rund 170 km.

Zum Studium aller einschlägigen technischen, wasserrechtlichen, finanziellen und sonstigen Fragen, insbesonders die der Wasserentnahme aus dem Grundwasser des südlichen Wiener Beckens, wurde im Auftrage der burgenländischen Landesregierung ein entsprechendes generelles Projekt ausgearbeitet und der Studienkommission für die Wasserversorgung Wiens mit dem Ersuchen vorgelegt, hiezu Stellung zu nehmen.

Unter Zugrundelegung der Erkenntnisse aus diesem Projekt über die Gruppenwasserversorgung „Nördliches Burgenland" wird die Detailprojektierung in nächster Zeit erfolgen. Die Detailuntersuchungen konzentrieren sich auf die eindeutige Festlegung und Sicherung des Wasserbezuges aus den Brunnenfeldern Neudörfl und Neufeld und aus dem Quellgebiet in Winden.

Die Studienkommission hält das Projekt der Gruppenwasserversorgung „Nördliches Burgenland" für sehr interessant und zweifellos notwendig, steht aber trotzdem auf dem Standpunkt, daß Vorsorge getroffen werden müsse, daß die aus dem Grundwasser des Steinfeldes (Leithagebiet) zu entnehmenden 300 l/s in irgendeiner Form wieder rückgespeichert werden können. Dies ist besonders im südlichen Teil des Steinfeldes praktisch in unbegrenztem Ausmaß möglich. Es wurde weiters noch festgestellt, daß der Brunnen für die Gruppenwasserversorgungsanlage auf burgenländischem Gebiet liegt. Die räumlich nächsten derzeit bestehenden Grundwasserentnahmen sind in Katzelsdorf (rund 2 km Entfernung) für die Wasserversorgung Wiener Neustadts mit zirka 70 l/s und in Ebenfurth (rund 10 km Entfernung) für die Badener Wasserversorgung mit zirka 150 l/s.

Die Bauzeit aller dieser projektierten Anlagen wird jedenfalls noch viele Jahre in Anspruch nehmen.

Die Durchführung der bisher beschriebenen „Sofortmaßnahmen" ist bereits im Jahre 1950 der Wasserversorgung Wiens zugute gekommen und bedeutet, ohne natürlich die Frage der zukünftigen Wasserversorgung Wiens damit endgültig gelöst zu haben, einen wesentlichen Beitrag zur Überwindung der augenblicklichen Versorgungsschwierigkeiten. Insbesonders wird nach der Fertigstellung des Leitungsspeichers eine sehr fühlbare Entlastung zur Zeit der größten Verbrauchsspitzen in Wien eintreten.

Eingangs wurde erwähnt, daß sich die Studienkommission mit der Erstellung aller wasserwirtschaftlichen Grundlagen im südlichen Wiener Becken beschäftigt. Wie fast überall, führt auch hier die Wasserwirtschaft einen Zweifrontenkrieg, nämlich einen Kampf sowohl g e g e n das Wasser mit dem Ziel der Abwehr von Hochwassergefahren und der Entwässerung zu nasser Ländereien als auch u m das Wasser für die Wasserreserve zu Wasserversorgungszwecken und für die Bewässerung zu trockener Gebiete.

Neben diesen Problemen steht die Tatsache, daß — sei es nun als Folge der bisher durchgeführten baulichen Maßnahmen oder als Folge einer offenbar echten Klimaschwankung — die Amplitude des Abflusses in den letzten Jahrzehnten ständig zunimmt. Die Hochwasserspitzen wachsen, während die kleinsten Wasserführungen sich noch vermindern. Diese Erscheinung ist in jeder Hinsicht unerfreulich. Die Niederschläge haben zwar im Jahresmittel über längere Zeiträume keineswegs abgenommen, sondern sogar zugenommen, aber ihre jahreszeitliche Verteilung hat sich geändert, derart, daß in den Hauptwachstumszeiten heute weniger Regen fällt als früher, während in den Wintermonaten mehr Niederschläge fallen, die durch Pflanzendecke und Boden weniger aufgehalten werden als in der Sommerzeit und daher schneller abfließen. Die Gefahr, daß dadurch die Grundwasserreserven auf die Dauer nicht mehr in der bisherigen Höhe erhalten bleiben, ist damit durchaus gegeben. Vorsorglich wird aber in dem gegebenen Falle des Wiener Beckens — so viel kann heute schon mit Bestimmtheit vorausgesagt werden — auch dafür gesorgt werden müssen, daß eine gewisse Grundwasseranreicherung eintritt. In diesem Augenblick aber wird auch der zunehmend stärker werdenden Verschmutzung der Wasserläufe ein besonderes Augenmerk zuzuwenden sein. Einer gedankenlosen oder gewissenlosen Einleitung von Schmutzwasser, das den Grundwasserträger, insbesonders in den Verluststrecken der Oberflächengerinne, nachhaltig infizieren kann, muß unbedingt Einhalt geboten werden.

Die von einer einwandfreien Abwasserbehandlung abhängige Trinkwasserversorgung ist vordringlichste Aufgabe, der die gesamte Wasserwirtschaft im Raume des Wiener Beckens zu dienen hat [7].

Schon zum gegenwärtigen Zeitpunkt kann, wie später noch aufgezeigt wird, mit der Möglichkeit einer III. Wasserversorgungsanlage Wiens aus der Grundwasserreserve des südlichen Wiener Beckens gerechnet werden. Dadurch ergibt sich aber zwangsläufig eine das ganze Gebiet umfassende Wasserwirtschaft. Die klimatischen Verhältnisse bilden die Voraussetzung für eine Befriedigung aller in diesem Raume vorhandenen wasserwirtschaftlichen Bedürfnisse. Es muß verhindert werden, daß man in Zukunft bei einem erhöhten Wasserbedarf infolge der zunehmenden Wohndichte der Bevölkerung, der aufstrebenden Industrie und des mächtig anwachsenden Gartenlandes sozusagen vom „schlechten Wetter" lebt [8].

Die Studienkommission ist dabei von der Tatsache ausgegangen, daß alles zur Verfügung stehende Wasser einschließlich des Grundwassers aus den Niederschlägen stammt und nur aus diesen ergänzt wird. Entscheidend ist hiebei, welcher Teil der Niederschläge verdunstet, oberirdisch abfließt oder versickert und als Grundwasser natürlich gespeichert wird. Weiters ist es sehr entscheidend, einerseits die Versickerungsstrecken und andererseits diejenigen Flußabschnitte, wo wieder aufsteigendes Wasser den Abfluß bereichert, einer gründlichen Untersuchung zu unterziehen. Die Studienkommission ist nun in diesen Untersuchungen bereits sehr weit fortgeschritten. Die Erkenntnisse daraus tragen jedenfalls zur Erstellung der Bilanz der Schwankungen der Grundwasserreserve wesentlich bei. Daraus ergibt sich wieder, daß der Steuerung der Abflußvorgänge besondere Bedeutung zukommt, weil sie leichter durchführbar und wirksamer ist als andere wasserwirtschaftliche Maßnahmen.

III. Veröffentlichte Arbeiten

Aus dem großen Arbeitsbereich der Kommission seien nur die wichtigsten Untersuchungen und Veröffentlichungen näher angeführt.

Die G r u n d l a g e n f o r s c h u n g für das südliche Wiener Becken liegt nunmehr bis auf einige noch zu füllende Lücken einheitlich, detailliert und geschlossen vor. Sie gliedert sich in die folgenden in 5 Abschnitten fertiggestellten und veröffentlichten Bände und Faltmappen:

1. Für die Hauptgewässer des südlichen Wiener Beckens enthalten die Bände des flußgebietsweise gegliederten W a s s e r k r a f t k a t a s t e r s * [9] neben den geographischen, geologischen, klimatologischen und bibliographischen Übersichten die einheitlichen hydrometrischen Unterlagen, die Längenprofilsaufnahmen, die Anlagen an den Gewässern, die kraftwasserwirtschaftlichen und wasserrechtlichen Verhältnisse.

Für das südliche Wiener Becken sind es die folgenden 4 Wasserkraftkatasterbände:

L e i t h a, einschließlich Schwarza (veröffentlicht im August 1951);

F i s c h a - P i e s t i n g (veröffentlicht im August 1952);

S c h w e c h a t (veröffentlicht im Frühjahr 1954);

T r i e s t i n g (veröffentlicht im Frühjahr 1954).

2. Im Frühjahr 1952 hat die Studienkommission im eigenen Wirkungsbereich einen Faltband von Unterlagen der Grundlagenforschung unter dem Titel „S ü d l i c h e s W i e n e r B e c k e n" herausgegeben.

3. Weiters liegt als Ergebnis der Arbeiten während der Jahre 1948—1953 ein umfassender Rechenschaftsbericht vor: „F ü n f J a h r e S t u d i e n k o m m i s s i o n f ü r d i e W a s s e r v e r s o r g u n g W i e n s", 1953, hievon: I. Teil: Bericht über die Sitzungen, 189 Seiten; II. Teil: Bericht über die Grundlagenforschung, 426 Seiten; Beilagenmappe zum II. Teil: 51 Beilagen.

4. J a h r e s b e r i c h t 1 9 5 4 : I. Teil: Bericht über die Sitzungen, 103 Seiten; II. Teil: Beilagenmappe (8 Beilagen).

---

* Herausgegeben vom Bundesministerium für Handel und Wiederaufbau.

5. Südliches Wiener Becken, B o h r k a t a s t e r.*

Die genannten 3 Teile des Fünfjahresberichtes sind nach Arbeits-, Fach- und Interessengebieten vielfältig gegliedert. Ein R e s u m é aus diesem Bericht besagt, daß der erste Vorschlag zu einer einheitlichen Wasserversorgung Wiens mit Grundwasser bereits zu Ende des Jahres 1858 vom Generalkommissär Valentin Ritter von Streffleur an die vom damaligen Ministerium des Innern eingesetzte Untersuchungskommission eingebracht wurde. Dieser Vorschlag bezog sich auf den Wasserschatz der Wiener Neustädter Ebene mit der Fischa-Dagnitz-Tiefquelle. Auch der Kaiserbrunnen ist damals schon genannt worden, doch hielt man seine Entfernung für zu groß.

Unter den 15 Offerten über eine neue Wasserversorgungsanlage Wiens auf Grund der Ausschreibung („Konkurrenz") vom 1. Dezember 1861 beinhalten bereits mehrere Projektvorschläge Grundwasserversorgungen. Die Idee „G r u n d w a s s e r   f ü r   W i e n" reicht demnach mindestens auf 95 Jahre zurück.

Da also bereits in der Vergangenheit eine Grundwasserversorgung Wiens einwandfrei als technische, wirtschaftliche und hygienische Möglichkeit erkannt worden ist, müssen unvollendet gebliebene Vorarbeiten als großer und nie wieder gutzumachender Fehler der damaligen Zeit angesehen werden.

Interessant ist es, beim Studium älterer Grundwasserversorgungsvorschläge die Gründe aufzudecken, welche seinerzeit dafür maßgebend waren, daß dieser immer wieder aufgegriffene Gedanke nicht restlos weiter verfolgt worden ist. Die meisten Begründungen der Vergangenheit sind im Zuge des Fortschrittes der Technik, der Wirtschaft und der Wissenschaften hinfällig geworden: Baukosten, künstliche Hebung des Wassers, Bedenken der Hygieniker, Einsprüche bestehender Triebwerke usw. Alle diese Momente hingen mit dem betreffenden Zeitalter zusammen und machen die Unterlassungen auf dem Gebiete der Grundwasserforschung erklärlich.

So vielverheißend auch alle weiter zurückliegenden Studien, Untersuchungen und Vorarbeiten begonnen wurden, bestand ihr größter Fehler darin, daß sie bloß ein Rumpfwerk geblieben waren. So vermißt man bei den sonst sehr gründlichen und umfassenden Vorarbeiten durch den Ausschuß des Österreichischen Ingenieur- und Architektenvereines jeglichen, selbst den kleinsten Pumpversuch im Steinfeld. Wir besitzen geologische Aufschlüsse, aber keine hydraulischen Kennziffern.

Die Zukunft wird mit Recht an die derzeitigen Studien einen noch strengeren Maßstab anlegen, als es gegenwärtig hinsichtlich der vergange-

---

* Die unter 2. bis 5. angeführten Veröffentlichungen wurden nur den Kommissionsmitgliedern als Arbeitsbehelf zur Verfügung gestellt.

nen Arbeiten berechtigt erscheint. Von der progressiv wachsenden Bedeutung des Grundwassers sind heute alle Einsichtigen überzeugt. In der Erforschung der wichtigsten Grundwasservorkommen Österreichs ist aber vor 1947 sehr wenig geschehen. Heute ist die restlose Kenntnis der Grundwasserverhältnisse unabdingbar und unaufschiebbar für eine qualitative und quantitative Grundwasserwirtschaft als integrierenden Bestandteil der Gesamtwasserwirtschaft geworden. Aus den Lehren der Vergangenheit folgt das Gebot, diesmal nichts unvollendet zu lassen, sondern alle mit dem Grundwasser zusammenhängenden Probleme nach Möglichkeit aufzuklären.

Kritisch rückschauend auf die letzten 95 Jahre und in Selbstkritik auf die letzten 8 Jahre sollen daher jene Abschnitte besonders angeführt werden, welche noch einer Lückenschließung bedürfen, jene Studien, welche eine Fortsetzung erfordern, sowie jene Probleme, welche einer Lösung zugeführt werden müssen. Daraus ergeben sich von selbst die Anregungen für die künftige Weiterarbeit.

In diesem Sinne wird das Resumé zugleich zu einer Denkschrift.
Heutige Anforderungen an Vorarbeiten für Grundwasserbeschaffung

Die bisherigen Arbeiten der Studienkommission waren Studien zur Ermittlung des Wasserhaushaltes einschließlich der Grundwasserverhältnisse, welche als Grundlagen für die Vorarbeiten und Planung zu einer künftigen Großwasserentnahme für Wien und die Südbahngemeinden aus dem südlichen Wiener Becken sowie für eine wasserwirtschaftliche (grundwasserwirtschaftliche) Rahmenplanung dienen sollen.

Die nächsten Schritte zur Verwirklichung der III. Wiener Wasserversorgung werden praktische Vorarbeiten sein, die ein ausgedehntes Bohr- und Pumpprogramm beinhalten. Das Bohrprogramm wurde bereits abgewickelt, die Ergebnisse liegen vor.

Ein führender deutscher Grundwasserkundler hat vor nicht zu langer Zeit Erfordernisse aufgestellt, welche an derartige Vorarbeiten zu stellen sind [10]. Die vorliegenden Arbeiten waren bereits durchgeführt, als diese Forderungen bekannt geworden sind. Sie sind im folgenden zu dem Zwecke wiedergegeben, um zu zeigen, daß das Arbeitsprogramm der Studienkommission auch diesen neuen Anforderungen entspricht. Was bisher noch nicht durchgeführt worden ist, das konnte mit Rücksicht auf die gegebenen Mittel noch nicht verwirklicht werden, ist aber in das weitere Programm aufgenommen.

Professor KOEHNE stellt für Vorarbeiten folgende 9 Gesichtspunkte auf:
  a) Untersuchung der Schichten oder sonstiger geologischer Bildungen auf ihre Eignung als Wasserzubringer in physikalischer, chemischer und bakteriologischer Hinsicht.

15

b) Nachweis eines ausreichenden unterirdischen Zuflusses unter Berücksichtigung der Verhältnisse in Trockenzeiten (siehe unter Punkt 3 auf Seite 00).

c) Untersuchung der Möglichkeit, in ungünstigen Zeiten vorübergehend vom Vorrat zu zehren, der in günstigen Zeiten wieder aufgefüllt wird.

d) Untersuchung der Möglichkeit, das Grundwasser durch technische Maßnahmen anzureichern.

e) Etwa mögliche Gefährdung des geplanten Betriebes durch Grundwasserentziehungen, die von Bergwerken oder sonstigen technischen Maßnahmen ausgehen könnten.

f) Gefährdung des geplanten Betriebes durch Grundwasserverunreinigungen, zum Beispiel durch chemische Fabriken, Rieselfelder und anderes mehr.

g) Bisherige Nutzung des Grundwasservorkommens, das der geplante Betrieb in Anspruch nehmen soll oder sonst wie beeinflussen kann (Brunnenketten, Hausbrunnen, Wurzeln der Kulturpflanzen).

h) Ersatzmöglichkeiten des bisherigen Nutznießern entzogenen Wassers.

i) Wahl der richtigen Brunnenkonstruktion.

Diese Forderungen sind durch konkrete Projekte für eine Grundwasserfassungsanlage, eventuell durch eine Brunnenkette, aufgestellt worden. Für die Untersuchung eines derart ausgedehnten Gebietes, wie es das südliche Wiener Becken vorstellt, kommt naturgemäß nur eine generelle Berücksichtigung in Frage.

Es kann festgestellt werden, daß sämtliche hier aufgezählten Punkte in den vorliegenden Arbeiten der Kommission grundsätzlich behandelt wurden, wobei zum Teil sogar sehr ausführliche Details gebracht worden sind. Lediglich Punkt i), welcher von der Örtlichkeit einer konkreten Fassungsanlage abhängt, muß als solcher vollständig einer späteren Projektierung überlassen werden.

IV. Zusammenfassung der Ergebnisse

1. Das südliche Wiener Becken

Die Summe der Einzugsgebiete der Hauptgewässer des Beckens erreicht fast 3600 km². Davon entfällt auf die Leitha über die Hälfte, auf die Schwechat ein Drittel und auf die Fischa und die Zwischengebiete an der Donau etwa ein Sechstel dieser Fläche.

Als Grundwasseruntersuchungsgebiet kommt eine Flächengröße von etwa 1000 km² in Frage. Davon entfallen etwa 350 km² auf die „trockene", etwa 200 km² auf die „nasse Ebene" und der Rest auf die Randgebiete.

Zweifellos wird jeder objektive Beurteiler der vorliegenden Operate der Studienkommission die höhere Warte zur Beurteilung der zu behandelnden Großwasserversorgungsfragen gutheißen, die den wesentlichsten

16

Fortschritt gegenüber allen früheren Studien in diesem Raum und in dieser Sache in sich schließt. Sie hat sich durch die Zusammenarbeit der verschiedenen Ressorts und der beteiligten Sach- und Hilfsgebiete ergeben und fußt auf neueren gesamtwasserwirtschaftlichen Erkenntnissen.

Während früher und heute noch in anderen Gebieten die flußgebietsweise Untersuchung das Ideal bedeutet — und dies in den meisten Fällen mit voller Berechtigung —, genügt dieselbe im südlichen Wiener Becken nicht mehr. Dieses Gebiet ist gekennzeichnet durch ein an sich schon sehr verwickeltes Gewässernetz, bestehend aus 3 größeren Flußgebieten, deren jedes sich wieder auf 2 größere Zubringer aufgliedert, wobei nicht nur durch Querverbindungen zwischen den Gewässern, sondern auch durch die Grundwasserübergänge von einem Gewässer zu dem andern alles ober- und unterirdische Wasser dieser Region eine höhere Einheit, einen zusammengehörigen Organismus bildet.

Schon die Programmstellung durch die Studienkommission gipfelt daher in der Erkenntnis: D a s   g e s a m t e   s ü d l i c h e   W i e n e r   B e c k e n   m u ß   U n t e r s u c h u n g s g e b i e t   s e i n   u n d   b l e i b e n.

Die Erkenntnis, daß unter den hier vorliegenden Verhältnissen nur eine hydrologische und gesamtwasserwirtschaftliche Beurteilung des ganzen Beckens nach kennzeichnenden Beckenprofilen zum Ziele führen könne, war wohl die grundlegendste. Eine umfassende Beurteilung kann niemals auf einer einzigen Pegelstation eines einzigen Gewässers fundiert werden, selbst wenn dieses schmale Fundament in hydrographischer Beziehung, etwa infolge 50jähriger lückenloser Beobachtungen, auch das beste wäre, sondern es wird für dieses derart verwickelte und überall zusammenhängende weiträumige Gebiet auch ein breites Fundament in Form eines engmaschigen Netzes von vielen Beobachtungsstellen unerläßlich.

2. D e r   w e i t e r e   R a u m   u m   W i e n

Während frühere Untersuchungen sich auf die gesamte Umgebung Wiens bezogen haben, liegt der nunmehrigen Arbeit als Untersuchungsgebiet einzig und allein das südliche Wiener Becken zugrunde, und zwar im Sinne einer ausdrücklichen Programmstellung der Studienkommission.

Es scheint nötig, auf diesen grundlegenden Programmpunkt deshalb besonders hinzuweisen, weil sich durch die nunmehrigen Ergebnisse keinerlei Parallelen zum Marchfeld und zum Tullner Becken ziehen lassen.

Da das M a r c h f e l d in der letzten Zeit Gegenstand einer Regionalplanung geworden ist, welche auch neuere Feststellungen über die Grundwasserverhältnisse zeitigen wird, und da das T u l l n e r   B e c k e n in der Zeit des letzten Krieges durch einen ausländischen Hydrologen auf die Möglichkeit von Großentnahmen von Grundwasser (mit günstigem Erfolge) untersucht worden ist, und da ferner in den letzten Jahren eine neue Grundwasserfassungskonstruktion mit den bisherigen Brunnensystemen für Großentnahmen in Wettbewerb getreten ist, freilich nur im Falle voller Sicherheit einer größeren Dauerentnahme, wäre eine Erweiterung des bisherigen Programmes in diesen drei Richtungen erwägenswert.

Man wird sich heute nicht mehr auf eine mehrere Jahrzehnte zurückliegende generelle Beurteilung der anderen Grundwasservorkommen der Umgebung Wiens verlassen dürfen, da sich doch einige Beurteilungsfaktoren geändert haben könnten. Dieser Grundsatz ist ja auch für den Bereich des südlichen Wiener Beckens eingehalten worden.

3. Die Dynamik des Wasserhaushaltes

Nachdem man sich zunächst über die Größe des Untersuchungsgebietes klar geworden war, nämlich das ganze Gebiet von Neunkirchen bis zur Donau, ergab schon eine generelle Übersicht, daß dieser höhere Organismus ein schwer zu erforschendes Regime aufweist, da sowohl natürliche Verhältnisse als auch künstliche Eingriffe auf Grund Tausender von Wasserrechten — das ist die Auswirkung wasserwirtschaftlicher Maßnahmen aller Sektoren und die Folge der wirtschaftlichen und industriellen Entwicklung des letzten Jahrhunderts — den gesamten natürlichen Grundwasserhaushalt in örtlich und zeitlich verschiedenem Ausmaße sehr geändert haben. Für die Zukunft ist mit weiteren Änderungen zu rechnen. Der Grundwasserhaushalt, der festgestellt werden soll, ist auch — abgesehen von den klimatischen Schwankungen — nichts Bleibendes, sondern veränderlich. Heute werden viele Wissensgebiete schon dynamisch behandelt. Die Wasserhaushaltslehre befaßt sich als Kunde vom Kreislauf des Wassers mit der Bewegung des Wassers, der oberirdischen und unterirdischen und derjenigen in der Lufthülle. Wegen der im Laufe der Jahrzehnte erfolgten Änderungen der Bedingungen für den Grundwasserdurchfluß im südlichen Wiener Becken kommt hiezu noch eine Änderung der Grundlagen. Dies erläutern am besten einige Beispiele.

Dort, wo infolge von Abholzungen der Anteil der Waldflächen geringer geworden ist, wurde der oberirdische Abfluß anteilmäßig größer und erfolgt beschleunigter, so daß die Wasserreserven des Beckens verringert worden sind.

Die Erhöhung der landwirtschaftlichen Produktion brachte einen Mehrverbrauch an Transpirationswasser. Der mittlere Wasserbedarf einer hohen Ernte gegenüber einer solchen von mittlerem Ertrag liegt um 70—150% oder 90—270 mm höher.* Die Deckung des Mehrbetrages ist aus dem Grundwasser auf dem Wege des Kapillarwassers nur in der „nassen Ebene" möglich. Anderseits erfolgen in der „trockenen Ebene" durch Berieselungen auf undurchlässigem Untergrund gleichzeitig Grundwasser-

---

* Nach G. SCHROEDER.

18

anreicherungen. Die alte Flasselwirtschaft hat außerordentlich große Bewässerungsgaben wasserrechtlich ermöglicht.

Die Versickerung aus Wasserläufen, insbesondere aus den Wildbetten bei höherer Wasserführung, bildet im Untersuchungsgebiet einen wesentlichen Anteil der Grundwassererneuerung. Durch die Flußregulierung ist diese Komponente sehr verkleinert worden.

In gleicher Weise, nämlich schwächend auf die natürliche Grundwasserbildung, wirken sich auch die Verschmutzungen der Gewässer infolge der Einleitung industrieller Abwässer aus.

Die Dynamik des Wasserhaushaltes erschwert jedenfalls gewaltig den Vergleich mit weiter zurückliegenden Grundwasserbeobachtungen. Ferner wird sie in den Richtlinien für eine Grundwasserwirtschaft Beachtung finden müssen, da die künftigen Maßnahmen keine Verschlechterung des Grundwasserhaushaltes zulassen dürfen, sondern eine schrittweise Verbesserung anbahnen sollen.

4. Kritik der vorangegangenen generalplanmäßigen Untersuchung

Die unter Punkt 1 (Seite 16) skizzierten Verhältnisse untermauern die Grundlagen der Gesamtbeurteilung des südlichen Wiener Beckens. Diese Beurteilung soll demnach nicht auf Grund der Abflußstatistik eines einzelnen Pegels (etwa desjenigen von Deutsch-Brodersdorf) erfolgen, sondern nach Profilen des Gesamtbeckens.

Dieser gewählte Weg über die Untersuchung von maßgebenden Querprofilen macht gegenüber der Pegelabflußstatistik eine Begutachtung des gesamten Grundwasserschatzes im südlichen Wiener Becken bedeutend schwieriger und mühevoller. Die einzelnen Stellungnahmen zum wasserwirtschaftlichen Generalplan für das Leitha-Gebiet, welches ja nur ein Teilgebiet vorstellt, sind in den Veröffentlichungen der Studienkommission ausführlich wiedergegeben.

Es wird jeden Wasserwirtschaftler überzeugen, daß so ungeheure Grundwasserspeichermengen, wie sie das südliche Wiener Becken aufweist, und zwar nach den generellen Ermittlungen 1,2 Milliarden m³ bis 2,3 Milliarden m³, gar nicht erforderlich wären, sondern daß schon wenige hundert Millionen m³ genügen würden, um die Einflüsse des extremsten Trockenjahres derart auszugleichen, daß die Auswirkungen keine weitreichenden sein, sondern sich nur auf eine verhältnismäßig geringe Grundwasserspiegelsenkung beschränken würden. Angesichts der im südlichen Raume vorhandenen großen Grundwassertiefen wäre diese Absenkung bedeutungslos und selbst im Falle einer ganzen Reihe aufeinanderfolgender Trockenjahre wären noch genügend Grundwasserreserven vorhanden.

Von der großen absoluten Grundwasserspeichermenge abgesehen, ergibt sich für die Beurteilung der Grundwasserverhältnisse auch infolge zutreffenderer Zahlenwerte für Wasserhaushaltsrechnungen (Landverdunstung usw.) heute ein wesentlich günstigeres Bild.

Die seinerzeitige Stellungnahme in der Kommission rechnete mit 580 mm Gesamt- (Land- oder Gebiets) Verdunstung. Diese Ziffer stellt eine bedeutende Überschätzung der Verdunstung dar, welche in der Annahme einer mittleren reinen Bodenverdunstung * von 319 mm liegt, wobei für das benachbarte Burgenland auf Bodenverdunstungswerte von 300 bis 500 mm hingewiesen worden ist. So hohe Bodenverdunstungen können nur bei flachliegendem Grundwasserstand und schweren Böden hoher Wasserkapazität auftreten, keineswegs beim Tiefstand des Grundwassers und beim durchlässigen Boden in der „trockenen Ebene". Die Begründung einer hohen Verdunstung durch das Auftreten warmer Winde verliert dann ihre Bedeutung, wenn diese Winde kein zu verdunstendes Wasser vorfinden, wie in der trockenen Zeit. Das Steinfeld repräsentiert die Gebietstype I, bei welcher die Verdunstung gehemmt ist und daher nicht diejenige Größe erreicht, welche sie sonstwo (Type II), wo keine Hemmung der Verdunstung vorhanden ist, wie zum Beispiel im Gebiet des Jesuitenbaches oder im Seewinkel, erreichen kann. Von diesen beiden Flußgebietstypen herrscht hier im Sommer, wo die Verdunstung ihre Höchstwerte erreicht, die Type I und im Winter eine Mischform vor **.

Eher zulassen kann man in der Voruntersuchung die Annahme für die mittlere Transpiration mit 363 mm. Die Zahlenangaben für den Umrechnungsfaktor aus der Trockensubstanz der Ernte auf die Transpirationswassermenge gehen sehr auseinander, nämlich vom über hundertfachen bis fast zum tausendfachen Gewichte. Während man früher, in der Zeit der Generalplanungen, mit dem 400fachen Gewicht rechnete, wird heute allgemein der 300fache Wert als brauchbares Mittel benützt [11]. Zu beachten ist hier auch das hohe Anpassungsvermögen unserer Pflanzen an das Wasserdargebot, ganz besonders auch deshalb, weil dies ja schon bei der Auswahl der Arten und Sorten Berücksichtigung gefunden hat (Schwarzföhre). Jedenfalls darf man schätzen, daß im Steinfeld das Transpirationsmaß unter dem mitteleuropäischen Mittelwert liegt.

Die Verdunstung von den Wasserflächen wird bei derart kleinem Prozentanteil an der Gesamtfläche wie hier meist außer acht gelassen.

Die G e s a m t v e r d u n s t u n g muß nach den vorliegenden Arbeiten demnach wesentlich geringer bewertet werden.

Die nachgewiesene Überschätzung der Verdunstungshöhen bedeutet

---

* Da dieser Teil der Verdunstung nur der Transpirationsmenge gegenübergestellt wurde, wäre sie besser als „Boden- und Oberflächenverdunstung" zu bezeichnen, denn sie erfolgt ja von der Oberfläche des Bodens, des Wassers und der Pflanzen direkt.

** Nach OLDEKOP.

eine Unterschätzung der Versickerung. Die Korrektur der Gesamtverdunstung auf einen kleineren Wert kommt einer absolut ebenso großen Korrektur der Grundwasserspende nach oben gleich.

Die neuen Berechnungen der Studienkommission sind mit den Werten 582, 550 und 500 mm für die Gesamtverdunstung durchgeführt worden. Diesen Berechnungen kommt eine erhöhte Sicherheit zu, weil nach obigen Nachweisen schon die Mittelwerte der Landverdunstung, noch mehr aber die Jahresverdunstungshöhen für die Trockenjahre weiter herabgesetzt werden konnten. Würde man sodann die Wasserbilanzuntersuchungen etwa mit einem Mittelwert $V = 450$ mm und mit einem Schwankungsbereich von 400—500 mm durchführen, so würde sich das Bild der Grundwasserreserven noch wesentlich günstiger gestalten.

Ein weiterer Mangel der wasserwirtschaftlichen Generalplanung der Kriegsjahre war es, daß man die zweite Möglichkeit einer Wasserspeicherung, das ist die G r u n d w a s s e r s p e i c h e r u n g, neben den vorgeschlagenen Jahresspeichern an den Gewässern nicht untersucht hat. Wenn zwei technische Möglichkeiten einander gegenüberstehen wie hier, sollte doch immer die günstigere Lösung ermittelt werden. Es wäre schließlich auch der Fall möglich, daß beide Speicherarten, oberirdische und unterirdische, zusammenwirken könnten.

5. D i e   a u ß e r o r d e n t l i c h   g ü n s t i g e   E i g n u n g   d e s   s ü d l i c h e n   W i e n e r   B e c k e n s   f ü r   d i e   I I I.   W a s s e r v e r s o r g u n g
W i e n s

Der Fehlbedarf in der zentralen Wasserversorgung für Wien und das südliche Wiener Becken zusammen ist in der ursprünglichen Aufstellung für das Jahr 2050 schätzungsweise mit 230.000 m³/Tag (= 2,66 m³/s) ermittelt worden. In einer späteren Wasserbedarfsaufstellung ist dieser Mehrbedarf auf 230.000 m³/Tag (= 3,34 m³/s) erhöht worden, welcher sich jedoch durch geschickte Wasserversorgungsverbundwirtschaft auf 250.000 m³/Tag (= 2,89 m³/s) ermäßigen dürfte. Man wird daher mit rund 3 m³/s als Fehlbetrag für die Zukunft rechnen müssen.

Als E r s a t z - o d e r T a u s c h w a s s e r für den durch die Grundwasserableitung verminderten Gewässerabfluß kommen in erster Linie die Wasserrechte für den W i e n e r - N e u s t ä d t e r K a n a l im Ausmaße von 1,4 m³/s in Erwägung.

Die erst später hinzugetretenen Mehransprüche aus dem Steinfelde für die Gruppenwasserversorgung „N ö r d l i c h e s B u r g e n l a n d" belaufen sich auf rund 300 l/s, welche durch Rückspeicherung gedeckt werden sollen. Rechnet man mit einem künftigen Mehrbedarf von 250.000 m³/Tag, so bedeutet dies um 25% mehr als die volle Leistungskapazität der I. Hochquellenleitung von 200.000 m³/Tag = 2,32 m³/s, welche indessen in Zeiten von geringeren Quellschüttungen bei weitem nicht erreicht wird, sondern nur mit 40 bis 50% nach lange andauernden Abflußverminderungen und mit 33% im ungünstigsten Extrem (siehe Notmaßnahmen im Jänner 1954) in Rechnung gestellt werden kann.

Diese Zahlen über den Rückgang der Schüttungen der großen Hochquellen zeigen am besten die Nachteile der Quellwasserversorgungen gegenüber einer Grundwasserversorgung derselben Leistung auf. Die mögliche Liefermenge aus den Quellgebieten wird gerade dann am geringsten, wenn der Bedarf am höchsten ist, während die Grundwasserversorgung in Zeiten höchsten Verbrauches sogar eine vorübergehende Überinanspruchnahme ohne weiteres zuläßt, auch dann, wenn das Maximum der Grundwasserfließe nicht zur Zeit des höchsten Wasserbedarfes aufträte, weil durch den langsamen Abfluß des Grundwassers ein Ausgleich über mehrfach so lange Zeiten erfolgt. Für das Grundwasserfeld südlich Wiener Neustadt kommt hinzu, daß gerade zur Zeit des sommerlichen Höchstbedarfes die höchsten natürlichen Grundwasserspiegel beobachtet werden.

Schon vor der Tätigkeit der Studienkommission ist auf Grund der Untersuchungen des wasserwirtschaftlichen Generalplanes für das Leithagebiet aus der Größe des Teiles der Jahresfracht außerhalb der wasserrechtlich bewilligten Nutzungen die Deckung von Wasserversorgungsmehransprüchen in der Höhe von $2 \, m^3/s$ neben der Steinfeldbewässerung als zulässig erkannt worden, allerdings unter der Voraussetzung, daß diese Wasserreserve speicherbar sei. Dabei war nur von Jahresspeichern an den Gewässern die Rede, während auf die Naturbegünstigung durch die Grundwasserspeichermöglichkeiten nicht näher eingegangen worden ist. Diese Feststellung galt nur für das Leithagebiet. Die vorliegenden Untersuchungen erstrecken sich demgegenüber auf das Gesamtgebiet des südlichen Wiener Beckens.

Dieses ausgedehnte Becken besitzt besonders in seinen Schotterkegeln günstigste Anreicherungsmöglichkeiten [12] für das Grundwasser und in seinen großräumigen Schotterauffüllungen ausgedehnte natürliche Grundwasserspeicherstätten, die ohne hohe bauliche Aufwendungen gleichfalls einen günstigen Ausgleich zwischen Niederschlag und Abfluß im Sinne einer Abflußverzögerung, und zwar nicht nur jahreszeitlich, wofür die Verhältnisse im südlichen Teil ganz besonders günstige sind, sondern auch über mehrere Trockenjahre hinweg ermöglichen.

Der Gedanke, viele Jahresspeicher für die Oberflächenabflüsse zu bauen, ist an und für sich ein nützlicher und in anderen Flußgebieten vielleicht auch ein viel wirtschaftlicherer oder sogar die einzige technische Speichermöglichkeit. Er soll keineswegs gänzlich aufgegeben, aber nur in sekundärer Linie verfolgt werden.

Die Studienkommission hat nachgewiesen, daß die für die Wasserversorgungen dieses gesamten Raumes einschließlich Wiens erforderliche künftige Menge von rund 3 m³/s Grundwasser aus dem südlichen Wiener Becken in wirtschaftlicher Weise beschaffbar ist, freilich nach der vorläufig generellen Übersicht nicht aus einem Teilgebiet, sondern aus den nachstehenden drei Teilgebieten, und zwar mit vollkommener Sicherheit. Ziffernmäßig liegen nach dem Stande der durchgeführten Arbeiten zur Zeit nur Angaben der gesamten Grundwassermengen vor, diese allerdings in brauchbaren Grenzen und mit nachgewiesenen Beobachtungsreihen.

Diese drei für Großwasserentnahmen günstigen Grundwassergebiete sind im folgenden Abschnitte hinsichtlich ihrer Eigenheiten sowie ihrer Vor- und Nachteile besonders gekennzeichnet.

6. Die für die Grundwassererschließung günstigsten Teilgebiete des südlichen Wiener Beckens

Für das sehr ausgedehnte Gebiet von Neunkirchen im Süden bis an den Unterlauf der Fischa und Schwechat im Norden können die Grundwasserverhältnisse ganz allgemein als sehr günstig anerkannt werden.

Naturgemäß ragen einige Teilgebiete in dieser Hinsicht aus dem Gesamtbecken besonders hervor. Auf diese konzentrierte sich das besondere Interesse der Studienkommission. Es sind dies nachstehende Teilgebiete:

A. Der Raum von Moosbrunn.

B. Der Raum von Neu-Ebenfurth, Fischa-Dagnitz-Quelle, Blumau.

C. Der Raum von Wiener Neustadt.

Beim Vergleiche je Kilometer Breite des mächtigen Grundwasserstromes hängt das Ausmaß der Grundwasserfließe hauptsächlich von drei Faktoren ab:

a) von der Summe der Mächtigkeiten der wasserleitenden Schichten (M), wobei die gesamte Schichtenfolge vom mittleren Grundwasserspiegel bis zur durchlässigen Sohle berücksichtigt wird;

b) von der mittleren Durchlässigkeitsziffer (k) beziehungsweise dem wirksamen Porenraum (p_o). Unter gewissen Voraussetzungen ist auch die elektrische Widerstandszahl als hydrologische Kennziffer benützbar;

c) vom mittleren Gefälle des Grundwasserstromes (J).

Da vom gespeicherten Grundwasser nur ein bestimmter Teil nutzbar sein kann, nämlich jener, der auf Grund der mittleren Erneuerung des Grundwassers, allenfalls im Vereine mit einer künstlichen Anreicherung, gegeben ist, wird der Faktor M wohl für die Ermittlung der Grundwasserfließe, nicht aber für die Bestimmung des Nutzraumes maßgebend.

Der Einfluß der Morphologie der Schotterrinne bleibt nur dort dominant, wo nachgewiesen wird, daß die größere Tiefe der undurchlässigen

Sohle auch konform geht mit der größeren Summenmächtigkeit M der gröbsten und reinsten Schotter. Es ist nämlich auch möglich, daß gerade das Muldentiefst insgesamt mehr Feinkorn aufweist, weil das gröbere Korn schon unterwegs abgelagert worden ist. Die Schichtenfolge ist so veränderlich, daß jedes Bohrprofil seine Eigenheiten aufweist, so daß darüber nur Durchlässigkeitsversuche im Felde oder an der Hand ungestörter Bodenproben im Labor (k, p_0) entscheiden können.

Da erfahrungsgemäß auch in Grundwasserfeldern von vorzüglicher Qualität für Wasserversorgungszwecke die Durchlässigkeitswerte örtlich im Verhältnis 1 : 30 und noch mehr veränderlich sind, kann schon der nächste Hektometer oder Kilometer eines jeden Profils Überraschungen bringen. Dies hängt nicht nur mit der normalen Inhomogenität der Grundwasserleiter, sondern auch mit Unstetigkeiten in den Schichtenfolgen (Konglomerate oder konglomeratisierte Schichten, Sandlinsen, verschüttete alte Gewässerbetten) zusammen. Man hat jedenfalls auch die Randgebiete in die Vorarbeiten einbezogen.

A. Der Raum von Moosbrunn

bildet gegenüber dem Wiener-Neustädter Gebiet ein Extrem. Dieses Gebiet ist durch seine geringe Entfernung von Wien, durch eine ungünstigere Höhenlage, ferner durch seinen außerordentlich flach liegenden Grundwasserspiegel und schließlich durch seine Wasserüberschüsse in der nassen Ebene gekennzeichnet.

Entlang der Entnahmebreite des Mödlinger Wasserwerkes Moosbrunn befinden sich besonders günstige Grundwasserverhältnisse, obwohl es durch seine flache Brunnenkonstruktion noch gar keine Tiefenwässer zu erschließen vermag [13].

Schon die große Tiefe und die große Breite der Hauptschotterrinne weisen hier auf die Möglichkeit einer Großentnahme hin [14].

Einen wichtigen Anhaltspunkt zur Feststellung der im nördlichen Teil des großen Beckens strömenden Grundwassermenge bietet der hohe Grundwasseranteil der Gewässer. Im Durchschnitte zehnjähriger Beobachtungen von 1930 bis 1939 erreichten die unterhalb der Linie des Wasserwerkes Moosbrunn (das ist unterhalb Mitterndorf an der Fischa) dem Flusse zusitzenden Grundwassermengen 2,72 m³/s. Da die diesbezüglichen hydrographischen Untersuchungen dauernd fortgeführt werden, wird diese Grundwasseranreicherung und ihr Schwankungsbereich sehr genau erfaßt werden können.

In unserem Klima hängt die Wasserführung am Ende langer Trockenperioden bei den Gewässern ohne Gebirgsanteil nur vom Zustrom des Grundwassers ab. Die Angaben über das niedrigste Niederwasser (NNQ) sind aber wegen der durch den Kampf um das Wasser bedingten Unregelmäßigkeiten des Abflusses sehr unsicher. Man verwendet daher besser die

Niedrigwasserspende, welche je nach Vereinbarung an sieben oder auch zehn Tagen vorhanden ist. Bei der Piesting spielten der Anteil des Gebirgswassers, die natürliche Anreicherung und die natürliche Entwässerung eine besondere Rolle.

Die für die technische Bearbeitung und für die technische Nutzung errechneten Grundwasserabflußziffern der Tiefenrinne mit insgesamt 10 m³/s und hievon 5 m³/s als Zuströmung zu den Gewässern (ohne Kalten Gang) und die restlichen 5 m³/s als unterirdischer Abfluß nach Norden unterliegen noch einer genaueren Untersuchung [15] [16]. Würde der unterirdische Abfluß auf die Breite Johannesberg (südöstl. Oberlaa)—Königsberg (östl. Klein-Neusiedl) mit rund 15 km aufgeteilt werden, so würde sich der durchschnittliche Grundwasserdurchfluß mit dem respektablen Betrage von 330 l/s je km ergeben.

Das g e o l o g i s c h e P r o f i l der Tiefrinne bei Mitterndorf mit 171 m Tiefe bis zur undurchlässigen Sohle ist morphologisch sehr günstig [17]. Die Schichten sind jedoch von sehr verschiedenen Durchlässigkeitswerten. Die große Tiefe der Sohle gestattet allein noch keine sicheren Schlüsse auf den Grundwasserdurchfluß, zumal da viele Zwischenschichten von geringerer Durchlässigkeit nachgewiesen worden sind. Zu beachten sind ferner die nach Nordosten zunehmende Einengung der Tiefenrinne [18] [19], welche am Südrande von Mitterndorf 4 km gegenüber 6 km an der Fischa-Dagnitz-Quelle beträgt, und weiter das nach Nordosten abnehmende Fließgefälle. Dieses beträgt gegenüber den angegebenen wesentlich höheren Werten des südlichen Beckenteiles im Abschnitt Ebreichsdorf—Schranawand noch 2,6⁰/oo und sinkt beiderseits Mitterndorf auf 2⁰/oo herab.

Die große Tiefe vermag übrigens den nutzbaren Grundwasserspeicherraum keineswegs zu vergrößern. Dieser hängt einzig und allein vom mittleren Zufluß, also von der Erneuerung des Grundwassers, ab. Auch kann die chemische Zusammensetzung des Tiefenwassers ungünstiger sein, da zum Beispiel die Bohrung 4 a auf der Mitterndorfer Heide anläßlich der Untersuchungen in den Jahren 1893—1896 einen außerordentlich hohen Magnesiagehalt ergeben hat.

Ein Problem in diesem Raum ist hier die Herkunft des Wassers der K a l t e n - G a n g - Q u e l l e n [20]. Wenn dieses Wasser unter Benützung eines kurzen unterirdischen Weges, etwa eines zugedeckten Bifurkationsarmes, der Piesting entstammt, dann verliert diese Gruppe viel an Interesse. Wäre jedoch der Anteil des Schichtenwassers aus der Tiefrinne überwiegend, so könnte hier eine etwas abseits liegende Fassungsgruppe erwogen werden, deren Situation im Falle einer Lösung mit Blumau noch günstiger wäre. Diese Zusammenhänge müssen erst untersucht werden.

Eine besondere Frage, die am meisten für den Raum von Moosbrunn

in der Landesplanung zu berücksichtigen sein wird, ist die nach der Erdöl-
höffigkeit.

Bezüglich künstlicher A n r e i c h e r u n g und bezüglich des zwischen
festzusetzenden Grenzlagen der Wasserspiegel zu messenden N u t z -
r a u m e s sind die Verhältnisse im Moosbrunner Gebiet mit seiner seichten
Lage der Grundwasseroberfläche wesentlich ungünstiger gegenüber den
beiden anderen unter B und C besprochenen Gebieten. Auch die Ersatz-
wasserfrage ist schwieriger. Vielleicht könnte als Ersatzwasser ein Teil des
Abflusses des Kalten Ganges unterhalb der Raabmühle gewonnen werden.
Feststeht jedoch die Tatsache, daß in diesem an sich wasserübersättigten
Raum ein Grundwasserentzug kaum nennenswerte Schwierigkeiten ergeben dürfte.

B. D e r   R a u m   v o n   N e u - E b e n f u r t h ,   F i s c h a - D a g n i t z -
Q u e l l e ,   B l u m a u

In diesem Profil ist gleichfalls ein M a x i m u m   d e s   G r u n d -
w a s s e r d u r c h f l u s s e s zu erwarten. Nachdem der Verlust infolge
des Grundwasserzuflusses zur Warmen Fischa durch den seitlichen Zustrom
auf die Breite des Wöllersdorfer Schotterkegels und die weiteren Speisun-
gen des Grundwasserbeckens mehr als ausgeglichen sein dürfte, ist hier ab-
flußmengenmäßig derselbe, wenn nicht ein noch höherer Erfolg zu erhoffen.
Dabei würde die äußerste, für die Voruntersuchung in Betracht kommende
Fassungslänge, in der Tiefenrinne zwischen beiden Hauptbruchlinien gemessen, nur rund 6 km betragen (Neu-Ebenfurth—Groß-Mittel—Blumau)
gegenüber rund 10 km südlich Wiener Neustadt (Neudörfl—Wöllersdorfer Werke).

Es liegen hier zunächst dieselben günstigen Verhältnisse für den
Grundwasserstrom wie südlich Wiener Neustadt vor: an beiden Flügeln
bestehende ergiebige Großentnahmen mit Erweiterungsmöglichkeiten und
dazwischen ein natürlicher Hauptentwässerungsgraben. Dieser Graben, die
obere Fischa-Dagnitz, liegt topographisch und stratigraphisch überhaupt
am günstigsten von allen Entwässerungsabschnitten des südlichen Wiener
Beckens. Darum ist die F i s c h a - D a g n i t z - Q u e l l e auch die mäch-
tigste Tiefquelle des gesamten Beckens, deren Abfluß in der Nähe der
Quelle schon in den ersten Projekten für eine Ausnützung zur Wiener
Wasserversorgung 1862/63 mit 1 m³/s bewertet worden ist *. Von den
Beobachtungen an vier Meßstellen der oberen Fischa in den Jahren 1863/64
ist die vierte Meßstelle am wichtigsten, welche bei Siegersdorf eingerichtet
worden war und eine mittlere Wasserführung des Quellbaches von
1,57 m³/s bei Schwankungen ± 15 % ergeben hat [21].

Diese Zahlenwerte scheinen sicherer zu sein als die über die Warme

---

* Durch die Wiener Ingenieure A. FÖLSCH und C. HORNBOSTEL.

Fischa bei Wiener Neustadt angegebenen. Ferner ist gegenüber dem Profil südlich Wiener Neustadt (welches beiderseits der Verschneidung der beiden dominierenden Schotterkegel, des Neunkirchner und des Wöllersdorfer Kegels, verläuft) im vorliegenden Falle die Situation günstiger, weil die vorgeschlagene Trasse außerhalb des Großquellengebietes fast durchwegs in den Wöllersdorfer Schotterkegel fällt. Dieser Hauptabschnitt ist freilich hinsichtlich seiner Grundwasserfließe noch nicht genügend erforscht worden.

Das Grundwasser liegt hier nicht so tief unter dem Gelände wie im Wiener-Neustädter Föhrenwalde, sondern nur 2 m (an der Fischa-Dagnitz) oder 6 m (bei Blumau) bis 10 m (in der Mitte).

Das Grundwasserspiegelgefälle ist wieder am Ostflügel im Quellgebiet der Fischa-Dagnitz mit rund 4⁰/₀₀ geringer gegenüber ungefähr 6,6⁰/₀₀ am westlichen Flügel bei Blumau.

Über den Raum von Blumau liegen Berichte über außerordentlich große Ergiebigkeiten vor, nämlich über eine Entnahme von rund 25.000 m³/Tag (= 2,90 m³/s) durch volle drei Jahre [22]. Zweifellos handelt es sich hier größtenteils um Infiltrationswasser aus der Piesting, wobei wegen des grobkörnigen Materials die hygienischen Untersuchungen ebenso große Bedeutung gewinnen wie wegen der Verunreinigungen durch Sickerwässer, da bei seichter Lage des Grundwasserspiegels eine Deckschichte überhaupt fehlt [23]. Hier wären gründliche Studien und Färbungs- oder Salzungsversuche zur Feststellung der Filterwege, der Filterzeit und des Filtereffekts sowohl für die bestehenden Verhältnisse als auch für eine künstliche Anreicherung von der Piesting erforderlich [24].

Hingegen liegen bezüglich des Quell- und Grundwassers der Fischa-Dagnitz in hygienischer Beziehung unter Voraussetzung eines entsprechenden Schutzgebietes keinerlei Bedenken vor. Durch die viel seichtere Lage der Grundwasseroberfläche gegenüber dem südlichen Gebiet werden die hygienischen Anforderungen im mittleren Teilgebiet mehr Vorkehrungen verlangen. Die Hauptzuströmung zur Fischa-Dagnitz erfolgt aus dem Gebiet von Theresienfeld, welches die größte Überdeckung der wasserführenden Schichten aufweist.

Dem mittleren der drei in Betracht zu ziehenden Grundwasserentnahmegebiete kommen bei der nachgewiesenen größten Höffigkeit für die erforderlichen Großbedarfsmengen weitere Vorzüge, aber auch kleinere Nachteile zu, welche insgesamt ein Kompromiß zwischen Moosbrunn und Wiener Neustadt vorstellen. Dieser mittlere Raum liegt in der Übergangszone von der trockenen zur nassen Ebene, die Entfernung von Wien und die Höhenlage sind eine mittlere. Die Benützung der Trasse des Wiener-Neustädter Kanals käme genau so wie im Wiener-Neustädter Raum noch in Betracht.

Während früher die Vorurteile gegen das Grundwasser, die Entscheidung zugunsten der Hochquellen sowie die Entschädigungsansprüche der Wasserberechtigten die Ausnützung des edelsten Grundwassers gegenüber Karstquellen verhindert haben, bestehen heute bezüglich der Qualität des Grundwassers keinerlei Bedenken; außerdem bestehen keine anderen Möglichkeiten für eine Quellwasserleitung und in der Frage der Entschädigungsansprüche keine unüberwindlichen Schwierigkeiten mehr.

Der Abfluß im Fischa-Dagnitz-Gerinne, an dem die Triebwerksbesitzer konsensmäßig teilhaben, wird durch die geplante Grundwasserentnahme, sofern sich diese in vernünftigen Grenzen bewegt, kaum merklich beeinflußt werden. Flußabwärts wird der absolute und noch mehr der relative Anteil des Wasserentzuges abnehmen. Für die Entschädigung wird die wirtschaftlichste und zweckmäßigste Entnahme zwischen mehreren Lösungen zu treffen sein. Diesbezügliche Vorschläge der Studienkommission sind:

a) Beschaffung von E r s a t z w a s s e r, wofür es viele Möglichkeiten gibt, da Querverbindungen zwischen den Gewässern bestehen oder leicht geschaffen werden können. Nachdem der Ersatz nur zeitweise erforderlich sein wird und im Grundwasser sowieso ein natürlicher Ausgleich des Abflusses stattfindet, kommt auch Grundwasser als Ersatzwasser in Frage. Die Entnahmestellen würden außerhalb des ohnedies sehr schmalen natürlichen Entwässerungsgebietes liegen. Eine weitere Möglichkeit, Ersatzwasser zu erhalten, wäre eine Teilumleitung des Kalten Ganges in die Warme Fischa. Bezüglich Oberflächenwassers wäre es technisch möglich, folgende Gewässer heranzuziehen: die Pitten durch den Katzelsdorfer Überleitungskanal, die Schwarza durch den Kehrbach und sodann Pitten- oder Schwarzawasser oder Konsensmengen des Wiener-Neustädter Kanals durch ein kurzes Verbindungsstück von der Warmen Fischa in die Trasse eines ehemaligen Bifurkationsarmes und schließlich die Piesting durch Verlängerung des Tirolerbaches.

b) Eine entsprechend bemessene k ü n s t l i c h e A n r e i c h e r u n g des Entnahmefeldes könnte die Fehlmenge unterhalb vermindern oder praktisch vollkommen aufheben. Für Anreicherungen wäre das zu belassende südliche Ende des Wiener-Neustädter Kanals sehr geeignet. Sollte aber der Wiener-Neustädter Kanal bestehen bleiben, so käme neben den sonstigen in Punkt a genannten Möglichkeiten auch wieder eine Verlängerung des Tirolerbaches in Frage.

c) Entschädigung durch e l e k t r i s c h e n S t r o m.

d) A b f i n d u n g s s u m m e n.

e) Durch Aufnahme in einen gemeinsamen W a s s e r w i r t s c h a f t s v e r b a n d, der zu den vielen Nutzungen die Aufwendungen für die wasserwirtschaftlichen Maßnahmen aus Eigenmitteln trägt.

Für eine w a s s e r w i r t s c h a f t l i c h e P l a n u n g sind die Verhältnisse im mittleren Raum viel verwickelter als im südlichen Gebiet. Es sei hier vor allem auf die Frage des Wiener-Neustädter Kanals, auf die Bewässerungspläne für das Steinfeld, auf die Notwendigkeit einer Industriestandortplanung und auf die nochmalige Möglichkeit des B e r g b a u e s in fernerer Zukunft hingewiesen. Nördlich von Ober-Eggendorf ist der Pannon-Tegel als undurchlässige Sohle der Schotterrinne nachgewiesen worden. Der mittlere Raum dürfte Kohlenschätze bergen, die wohl heute nicht wirtschaftlich abbaufähig sind, aber später einmal das letzte Kohlenlager Österreichs vorstellen könnten. Wie weit das Gebiet der Ö l - h ö f f i g k e i t nach Süden reicht, ist ein weiteres Problem [25]. Hier muß der grundwasserwirtschaftliche Sektor noch mehr mit den anderen wasserwirtschaftlichen Sparten sowie mit der L a n d e s p l a n u n g zusammenarbeiten.

C. Der Raum von Wiener Neustadt

Da im Stadtgebiet von Wiener Neustadt bedeutende Grundwassermengen der Warmen Fischa zufließen, muß die G r u n d w a s s e r f l i e ß e oberhalb der Stadt ein Maximum erreichen. Auch sonst ist dieses Beckenprofil südwestlich der Stadt für eine Großfassung außerordentlich günstig.

Das südliche Steinfeld stellt unter den für die erforderliche Entnahme in Betracht kommenden Teilgebieten die von Wien entfernteste, aber in größter Höhenlage und in geringer Entfernung sowohl von der I. Hochquellenleitung als auch von der Trasse des Wiener-Neustädter Kanals befindliche Örtlichkeit dar. Wasserrechtlich und wasserwirtschaftlich günstig sind die v e r h ä l t n i s m ä ß i g   t i e f e   L a g e   d e s   m i t t l e r e n G r u n d w a s s e r s p i e g e l s unter dem Gelände und die große Benetzungstiefe des Beckens im Gebiet des Föhrenwaldes [26]. Bei der Eisenbahnstation St. Egyden lag der mittlere Dezemberwasserspiegel 1952, das Niederwasser, mit 227,86 m rund 52 m unter dem Gelände. Schon der Bericht der Wasserversorgungskommission von 1864 hat im Zentrum des Föhrenwaldes ein über 9 km² großes, eiförmiges Gebiet mit einer Grundwassertiefe von über 100 Wiener Fuß (= 31,6 m) festgestellt. Die Tiefenlinie des Grundwasserspiegels für 50 Wiener Fuß (= 15,8 m) vom Juni 1863 umschloß das gesamte unbesiedelte Gebiet des südlichen Steinfeldes von Neunkirchen nordwärts bis zur Linie Weikersdorf—Dilmonhof. Auf weite Flächen liegt das Grundwasser 25 bis 50 m tief unter dem Gelände. Man erkennt hier die Bedeutung einer Grundwassertiefenkartierung [27].

Vergleicht man das Minimum des Grundwasserstandes vom November 1863 mit dem Minimum vom Dezember 1952, und zwar beim Wirtshaus in der Nähe des nördlichen Basisendpunktes (Neunkirchner Allee), so ergeben sich folgende Zahlenwerte:

Grundwasserstand November 1863	. . . .	273,60 m
Grundwasserstand Dezember 1952	. . . .	271,10 m
	Differenz	2,50 m

Dieser Unterschied läßt bei den sehr bedeutenden S c h w a n k u n g e n d e s G r u n d w a s s e r s p i e g e l s noch nicht auf einen Grundwasserschwund schließen. Die größten bisher beobachteten Grundwasserspiegelschwankungen haben nämlich bei der Eisenbahnstation St. Egyden rund 13 m und beim Wasserwerk Wiener Neustadt Süd rund 10 m betragen.

Bei der Festsetzung des in der künftigen Grundwasserwirtschaft hier zu haltenden tiefstzulässigen Spiegels würde infolge der Tiefenlage des Grundwassers jeder Einfluß auf die Landeskulturflächen dieses Gebietes ausscheiden. In Betracht kämen nur Fälle, welche den Grundwasserablauf unterhalb betreffen. Vermutlich könnte man hier im Betriebe über die erwähnten 13 m natürlicher Grundwasserspiegelschwankungen auch nach abwärts hinausgehen, während man anderswo die extremsten natürlichen Grundwasserspiegelschwankungen sehr beachten muß.

Wenn auch der westliche Teil des Beckenprofils N e u d ö r f l — W a s s e r w e r k S ü d — W ö l l e r s d o r f e r W e r k e noch einer ganz besonderen Untersuchung harrt, so vermag man den westlichen Teil keineswegs mit der Begründung einer vermuteten Schwelle des Untergrundes als uninteressant zu erklären, ist es doch gerade das Gebiet des seinerzeitigen „Stollenprojekts" der ehemaligen Unternehmung „Wiener-Neustädter Tiefquellenwasserleitung". Wenn die seinerzeit behaupteten Wasserführungen minimal 3,8 m³/s und maximal 18,4 m³/s entsprechend dem fünffachen Minimum wohl Übertreibungen waren, so ist doch die damalige wasserrechtliche Konsensmenge von 1,35 m³/s zu beachten. Es ist jedenfalls auch die zweite Hälfte des Profils einer Untersuchung wert und zwecks Feststellung der mittleren gesamten Grundwasserfließe auch notwendig.

Die angegebene Linie Neudörfl—Wöllersdorfer Werke verläuft bereits in der Tiefenzone des Schotterkörpers, während die seinerzeit so hartnäckig verfolgte Trasse des Stollenprojekts vom nördlichen Basisendpunkt bis zum Schafflerhof mit über 5 km Länge und einer konsentierten Einheitsentnahme von 250 l/s je km Stollen größtenteils außerhalb und nur zum Teil am Rande dieser Tiefzone gelegen war [28].

Von geologischer Seite wird das südliche Steinfeld als für eine Großwasserentnahme nicht in Frage kommendes Gebiet gehalten. Die tiefsten Bohrungen enden hier im Rohrbacher Konglomerat, stellenweise in wasseraufnehmenden porösen Schichten.

Das Wasserwerk Wiener Neustadt Süd rechnet auf schmaler Entnahmebreite mit 200 l/s. Dieser Betrieb beweist die günstigen Grundwasserverhältnisse im östlichen Abschnitt. Auch am äußersten westlichen Flügel, im Gelände der ehemaligen Wöllersdorfer Werke, sind sicherlich erhebliche Grundwassermengen faßbar.

Für die bedeutende Größe des Grundwasserdurchflusses in diesem Beckenprofil sprechen alle Zahlenangaben über Beobachtungen zusitzender

Grundwassermengen im Stadtgebiet von Wiener Neustadt, auch wenn diese Angaben der Vergangenheit angehören und heute infolge einer Absenkung des Grundwasserspiegels nicht mehr mit derartigen Ziffern zu rechnen ist. Sie sind aber auch jetzt noch Beweise für die ansehnliche Erneuerungsmenge des südlichen Grundwasserbeckens und sollen daher hier angeführt werden:

Vor Regulierung der Warmen Fischa im Wiener-Neustädter Stadtgebiet rechnete man durch Messungen des Stadtbauamtes auf einer 1500 m langen Strecke vom Südbahndamm bis zur Lokomotivfabrik mit einer Zunahme der Wasserführung von 2500 l/s, was 167 l/s je 100 m entspricht. Für den Unterwassergraben des kleinen Kehrbachwerkes in Wiener Neustadt wurde im Jahre 1919 eine Grundwasserzufuhr von 700 l/s auf 1400 m oder 50 l/s je 100 m Länge angegeben [29 a, 29 b].

Für das Projekt der Fischaregulierung und -kanalisation sind darnach im Jahre 1919 folgende Schätzungen zugrunde gelegt worden:

a) für 3000 m Fischaregulierung, bei einer Sohleneintiefung von 1 m gerechnet, 50 l/s je 100 m oder insgesamt 1,5 m³/s;

b) für den Zufluß von Dränwasser aus den Baugruben der Kanäle 0,5 m³/s, so daß sich eine Summe von 2 m³/s ergeben hat. (Nach der gleichen Literaturquelle.)

Insgesamt sind daher fließmengenmäßig die Voraussetzungen für eine moderne Großfassung in diesem Profil gegeben.

Die Verbundwasserwirtschaft mit der Stadt Wiener Neustadt und den Gemeinden der Umgebung ließe sich besonders leicht ausgestalten, und es wäre nur eine kurze Verbindungsleitung erforderlich [5].

Für künstliche Anreicherungen ergeben sich hier viele Möglichkeiten [11]. Was die Hochwasserwellen der Schwarza und Pitten anlangt, bietet der Neunkirchner Schotterkegel durch die Größe seiner Flächen, durch die Tiefe seines Beckens, durch die Tiefenlage seines Wasserspiegels und durch die völlige Nichtbesiedlung einzig und allein die beste Möglichkeit für künstliche Anreicherungen, wobei der Planung in jeder Richtung ein weitgehender Spielraum bleibt, um zur wirtschaftlichsten Lösung zu gelangen. Bedenken bezüglich einer großen, die Kultur des Föhrenwaldes entziehenden Versickerungsfläche bestehen seit der Durchführung der Versickerungsversuche an der Baustelle des Wiener Leitungsspeichers heute nicht mehr. Die Frage, ob Versickerungsbecken oder Versickerungsgraben oder Versickerungsbrunnen zu wählen sind, wird Gegenstand des Projekts sein. Erwähnt sei, daß Barcelona sich für einen großen „Horizontalbrunnen" zur künstlichen Anreicherung entschlossen hat, weil dieser rückspülbar ist. Die höheren Baukosten werden durch geringere Betriebskosten ausgeglichen. Die Anreicherungbecken des Ruhrgebietes, die bisher als Vorbild gegolten haben, erfordern eine ständige Erneuerung und

Reinigung des verschmutzten Filtersandes an der Sohle und eine sorgfältige chemisch-biologische Betriebsüberwachung.

Der Unterlieger, die Stadt Wiener Neustadt, würde auf keinen Fall geschädigt. Einerseits, weil ohnedies die Zone der Schwankungen des Grundwasserspiegels hier eine solche mit geringen Amplituden ist, also keine wesentlichen Mehrabsenkungen die Folge sein würden, andererseits, weil die Kanalisation, die Flußregulierung und die Stadtverbauung ebenfalls eine ständig fortschreitende Senkung der Grundwasserstände mit sich bringen. Diese Wirkung würde demnach nur beschleunigt werden.

Der Wasserhaushalt auch weiter unterhalb bleibt unverändert. Die Ernährungsgebiete der F i s c h a - D a g n i t z - Q u e l l e ändern sich mit dem Strömungsbild im Raume von Theresienfeld und reichen im Grenzfalle vom Norden her gegen die Warme Fischa und gegen den Nordteil der Stadt Wiener Neustadt, demnach nur am Rande in das Gebiet der seitlichen Zuströmung von Bad Fischau, so daß eine Beeinträchtigung durch eine Fassung größter Länge südwestlich von Wiener Neustadt nicht zu erwarten wäre.

Nur das Wöllersdorfer Grundwasserfeld liegt gerade noch an der äußersten und entferntesten Grenze eines zeitweiligen unterirdischen Abflusses gegen die Fischa-Dagnitz. Bei einer Entfernung von rund 10 km steht aber eine Beeinträchtigung außer Frage. Die Gewässer Wiener Neustadts sind hauptsächlich auf den Kehrbach und den Katzelsdorfer Überleitungskanal angewiesen. Nach Durchführung der Fischa-Regulierung und der städtischen Kanalisation wird sich ein Gleichgewichtszustand im Abfluß der W a r m e n F i s c h a herausbilden. Gegenüber diesem wäre die Verminderung des Abflusses infolge der Großfassung zu bestimmen. Diese Verminderung wird in der unteren Warmen Fischa geringfügiger sein und könnte nach Maßgabe der künstlichen Anreicherung auch ganz wegfallen.

In g e o g r a p h i s c h - m o r p h o l o g i s c h e r Hinsicht ist es wichtig festzustellen, daß das bereits in den Debatten der Studienkommission über die Methodik vorgeschlagene Beckenprofil an der engsten Stelle des südlichen Wiener Beckens liegt und außerdem gerade dort, wo nach dem Verlauf der beiden Hauptbruchlinien, welche die Tiefenrinne des Beckens begrenzen, die Breite dieser Rinne noch eine mittlere ist und noch keine anschließenden seichten Grundwasservorkommen auftreten. In g e o l o g i s c h e r Beziehung wirkt das Vorkommen von Konglomeratzwischenschichten von veränderlicher Zahl, Flächenausdehnung und Gesamtmächtigkeit ungünstig. Gründliche geologische und hydrologische Erforschungen des gesamten Beckenprofils sind noch weiterhin notwendig.

Der Vergleich der Werte für das G r u n d w a s s e r s p i e g e l g e f ä l l e in den Punkten des Beckenprofils spricht unter der Voraussetzung gleicher Untergrundverhältnisse zugunsten des westlichen Flügels. Während das Gefälle beim Wasserwerk Wiener Neustadt Süd im Dezember 1952 nur 2,25⁰/₀₀ betrug, erreichte es in der Achse der ehemaligen Wöllersdorfer Werke ungefähr den vierfachen Wert mit 9,1 ⁰/₀₀, so daß bei gleichbleibender Durchlässigkeit und gleicher Mächtigkeit des Grundwasserleiters Aussicht auf eine vielfach mächtige Grundwasserströmung bestünde. Das Grundwasserspiegelgefälle erreicht hier überhaupt von allen als ausbauwürdig in Betracht gezogenen Räumen seinen Höchstwert.

In h y g i e n i s c h e r Beziehung wird sich angesichts der langen horizontalen und auch vertikalen Filterwege sicherlich kein Einwand ergeben, entsprechende Vorkehrungen, insbesondere für Schutzgebiete, vorausgesetzt. An Güte dürfte das Grundwasser dieses Raumes im Vergleich mit allen übrigen Räumen des Beckens eher günstiger abschneiden.

Obwohl auch das Gebiet südlich von Wiener Neustadt, wie fast alle Landesteile, Schurfrechte aufweist, dürfte nach dem gegenwärtigen Stande der Lagerstättenforschung auch in der ferneren Zukunft hier unter allen drei untersuchten Räumen am allerwenigsten mit Bergbau noch zu rechnen sein.

In bezug auf die L a n d e s p l a n u n g würden sich nach den bisherigen Ausführungen südlich von Wiener Neustadt keine Schwierigkeiten ergeben. Nach dem Vorrang, welcher der Trinkwasserversorgung gebührt, würde sich hier von selbst aus der Wasserwirtschaftsplanung der Flächenwidmungsplan für Siedlung, Landwirtschaft und Forstwirtschaft ohne weiteres aufstellen lassen.

7. D e r G r u n d w a s s e r v o r r a t

Die lagerstättenmäßige Beurteilung des Grundwassers verleitet oft dazu, auch das nutzbare Grundwasser nach der Mächtigkeit der wasserführenden Schichte zu beurteilen. Dies ist bei anderen festen und flüssigen Bodenschätzen (Kohle, Erdöl), deren Abbau ein einmaliger ist, am Platze. Beim Grundwasser, welches sich im ewigen Kreislauf befindet und sich alljährlich erneuert, wäre es abwegig, im Sinne der Gesamtmächtigkeit der wasserführenden Schichten auch da und dort vom „G r u n d w a s s e r v o r r a t" zu sprechen. Dies erfolgt meist noch im Sinne des gesamten unterirdischen Wasservorrates einschließlich der Haftwässer und mit Überschätzung des „P o r e n r a u m e s", der aus Siebproben in aufgelockerter Schüttung ohne Feinbestandteile bestimmt wird. Der vielverwendete Begriff „Grundwasservorrat", für den es keine einheitliche Definition gibt, wird in sehr verschiedenem Sinne gebraucht, meist mit Zahlenangaben ohne nähere Einschränkung des Begriffes.

In der Wasserversorgung handelt es sich nur um einen Teil dieser Werte für den gesamten Grundwasserträger beziehungsweise für dessen Raumeinheit, nämlich um das n u t z b a r e G r u n d w a s s e r. Solange entweder nur kleinere Einzelwasserversorgungen in Betracht kamen oder auch schon größere Wasserversorgungen, deren Entnahme aber immer wesentlich unter dem Naturdargebot geblieben ist, wobei immer nur ein Teil genutzt wurde, war diese Unterscheidung nicht so wichtig wie heute, wo es um die Bewirtschaftung des Ganzen geht. Die mangelnde Rücksicht auf das Ganze hat auch vielfach zu Raubbau am Grundwasser geführt. Dauernd genutzt werden darf nur eine Grundwassermenge, die kleiner oder höchstens gleich groß jener Menge ist, welche sich im Mittel der Jahre durch die Neubildung von Grundwasser ergänzt. Die o p t i m a l e N u t z u n g d e s g e s a m t e n G r u n d w a s s e r s c h a t z e s erfordert eine unerläßlich strenge Präzisierung der Begriffe in d y n a m i s c h e r Auffassung.

Aufgabe ist es, den mittleren Grundwasserdurchfluß, die Fließe oder die Grundwassererneuerung (in l/s oder m³/s) zu ermitteln. Denkt man sich diese auf einige Kilometer der Strömung wenig veränderlich, die Mächtigkeit aber etwa im Verhältnis 1 : 2 schwankend, so erkennt man, wohin die Beurteilung nach der Mächtigkeit oder die rein s t a t i s c h e Auffassung führen würde. Der Hydrologe erblickt in der Mächtigkeit nur e i n e n von mehreren Faktoren. Ein sehr feiner Beurteilungsmaßstab ist ihm das Grundwasserspiegelgefälle, unbekannt ist ein zutreffender Mittelwert der Durchlässigkeit. Kontrollen ergeben sich durch die Bilanz, durch das Ernährungsgebiet, durch die Wasserspende usw.

Tatsache ist für das südliche Wiener Becken, daß gegen die Donau zu das Grundwasserspiegelgefälle abnimmt, vermutlich die Durchlässigkeit mit zunehmendem Anteil von Feinkorn gleichfalls abnimmt. In allen Fällen ist aber an Stelle einer statischen Auffassung des Grundwassers eine dynamische zu setzen.

8. D i e S c h w i e r i g k e i t e n z u r z a h l e n m ä ß i g e n E r m i t t -
l u n g d e r G r u n d w a s s e r f l i e ß e (m³/s).

Die oberirdischen Gewässer sind sichtbar, frei zugänglich, direkt, einfach, billig und mit hinreichender Genauigkeit meßbar. Sie werden auch seit rund 60 Jahren nach Wasserspiegel, Geschwindigkeitsverteilung und Durchflußmenge gemessen. Dennoch bestehen auch heute noch viele Wünsche über Kennziffern der Statistik der Gewässer.

Die unterirdischen Wässer sind nicht sichtbar und nicht zugänglich, direkt meßbar sind nur die Wasserspiegel, wobei aber schon bei Brunnen Beobachtungswarte erforderlich sind. Fließmengenmäßige Ermittlungen sind indirekt, schwierig, kostspielig und nicht von derselben erwünschten Sicherheit.

Die Schwierigkeiten und die hohen Kosten beginnen schon mit den Bohrungen. Zur Ermittlung zutreffender Bodenkennziffern sind ungestörte Bodenproben erforderlich, welche fast niemals vorliegen. Die Untergrundeigenschaften und damit die betreffenden Kennziffern sind örtlich in allen drei Richtungen des Raumes sehr veränderlich, so daß es sehr unsicher ist, Mittelwerte zu benützen. In der näheren Umgebung eines

Brunnens können sich die Durchlässigkeitswerte von 1 : 30 bis 1 : 100 und mehr ändern. Zumeist stehen überhaupt nur Grundwasserspiegelbeobachtungen zur Verfügung, und diese reichen, von wenigen Ausnahmen abgesehen, nur wenige Jahre zurück. Die Schwankungen der Spiegel sind örtlich und zeitlich sehr verschieden. Im südlichen Wiener Becken kommen Schwankungsbereiche von 1 bis 13 m vor. Die Siebanalysen geben nur einen relativen, keinen absoluten Maßstab, denn die Bodenproben, welche durch den normalen Bohrvorgang erhalten werden, sind aufgelockert und das feinste Korn ist ausgespült. Gerade dieses hat aber einen entscheidenden Einfluß auf die Durchlässigkeit. Bei den Wasserbilanzrechnungen ergeben sich große Schwierigkeiten bezüglich richtiger Einschätzung der Verdunstung und ihrer von verschiedenen Faktoren abhängigen Komponenten und der objektiven Annahme über die Versickerung, die gleichfalls von sehr vielen Umständen abhängt. Es ist daher sehr schwierig, praktisch brauchbare Mittelwerte zu gewinnen.

Auch die Erneuerung des Grundwassers ist gleichfalls auf mehrere Komponenten zurückzuführen, die sich einzeln nur sehr schwer abschätzen lassen.

Farb- und Salzversuche können wegen der verschiedenen unterirdischen Abflußwege zu einem großen Streubereich der ermittelten Werte und damit zu einem falschen Bild führen.

Alle diese Schwierigkeiten sind die Ursache, daß man die Grundwasserfließe und ihre örtliche Verteilung in weiträumigen Grundwasservorkommen meist nicht kennt. Sie ist aber unerläßlich für die Aufstellung eines Grundwasserwirtschaftsplanes. Im südlichen Wiener Becken und insbesondere in den Grundwasserräumen A—C wird in dieser Hinsicht noch manche Arbeit zu leisten sein.

9. Die Grundwassererneuerung

Der Hauptgrundsatz für den Grundwassernachweis, daß die Entnahmemenge im Mittel der Jahre mehr oder weniger unter dem Mittelwerte der Erneuerung liegen muß, ist manchmal außer acht gelassen worden. Die Ganglinie des Wasserspiegels weist in solchen Fällen bei mehrjährigem Betrieb auch dann ein stetes Absinken der Mittellinie auf, wenn das Naturdargebot das gleiche geblieben ist. Bei kleinen Anlagen hat man sich durch Vertiefung des Brunnens oder durch Teufung eines Nachbarbrunnens geholfen. Großanlagen, auch von neueren Horizontalbrunnen, bei welchen der Zufluß wesentlich kleiner war als die erwünschte Entnahme, erwiesen sich so schon öfters als Fehlanlage.

Aufgabe war es und muß es sein, die Erneuerungsmenge durch Anwendung mehrerer gangbarer Methoden zu ermitteln, um sichere Kontrollen zu erhalten [30].

Für die Erneuerung des Grundwassers kommen im Steinfelde meist drei Komponenten in Frage:

die Flächenversickerung,
die Versickerung aus Gewässern und
der seitliche Grundwasserzufluß.

Der Einfluß der Speisung aus Thermalwässern ist am unsichersten, jedoch nicht entscheidend. Der anteilmäßige Einfluß der genannten drei Komponenten ist sehr verschieden. Ein Netzwerk von Einflüssen verschiedenster Art verschleiert das Bild des Grundwassernachschubs.

10. Der wirksame Porenraum

Ebenso wie die ursprüngliche Verdunstung $N - A = V$ heute in Teile aufgegliedert wird, über die man sich einzeln Rechenschaft gibt, so daß man richtig von einer Gesamt-, Gebiets- oder Landverdunstung als der Summengröße spricht, ist es auch mit dem Porenraum p. Früher hat man nur einen Begriff „Porenraum" (Porosität) gekannt. Heute teilt man denselben als Gesamtporenraum auf mehrere Teile auf und bestimmt die einzelnen Teile, die grundverschieden sind, und nur ein Bruchteil p_0 (auch freier Durchflußquerschnitt, nutzbarer, spannungsfreier, wirksamer, spannungsfrei durchfließbarer, entwässerbarer Teil, spezifische Wasserlieferung genannt) kommt für die Grundwasserbewegung in Frage. Schon die Vielheit der Bezeichnungen spricht für die Bedeutung dieses Begriffes. In der Grundwasserversorgung interessiert nur das bei normaler Absenkung von einigen Metern gewinnbare Wasser, das Grundwasser oder gravitative Wasser. Was nach der Entwässerung zurück bleibt, sind die verschiedenen Haftwässer, die gebundenen Wässer, die als Bergfeuchte aus den Grubenbauten, in der Kulturtechnik als Wasserkapazität oder Wasserhaltewert bekannt sind [31]. Dieses gesamte, durch Haftkräfte zurückgehaltene Wasser, setzt sich wieder aus mehreren Teilen zusammen. Die Grenze zwischen der Wirkung der Oberflächenkräfte und der Schwerkraft, also zwischen gebundenem und freiem Wasser (Grundwasser), liegt beim Saugdruck um etwa 1 at. (kg/cm²). Für die Grundwasserfließe kommt nur der freie Durchflußquerschnitt in Frage. In der Kulturtechnik rechnet man mit

$$p_0 = p - 4{,}5\, w_h,$$

wobei w_h das angelagerte Wasser bedeutet.

Der freie Durchflußquerschnitt wird durch viele Faktoren eingeengt: durch das angelagerte (hygroskopische) Wasser, durch das Porenwinkelwasser, durch das Porensaugwasser (Kapillarwasser) und schließlich durch das Volumen der Gasbläschen. Diese scheiden sich mit sinkendem Druck besonders am Brunnenmantel und an der Grundwasseroberfläche reichlicher ab, ganz besonders bei Grundwässern, die aus größerer Tiefe stammen. Mit sinkendem Luftruck ergeben sich bekanntlich stärkere Drän-Abflüsse und Quellschüttungen. Besonders in feinen Sanden können Gasbläschen Verstopfungen hervorrufen.

Man kann sich an jeder Bohrstelle überzeugen, daß die rechnungsmäßigen Werte für den „Hohlraum" zu groß sind. Die Wasserhergabe je m³ Grundwasserträger erreicht meist nicht einmal den Wert des freien Porenraumes p_o.

Sehr unterschätzt oder überhaupt nicht beachtet wird meist der Anteil des Feinkorns in den wasserführenden Sand- und Kiesschichten. Es ist durch klassische Versuche nachgewiesen worden, daß der freie Porenraum, wenn er zum Beispiel für reinen Sand 13% beträgt, durch einen Tongehalt von 10% des Gesamtvolumens auf 3% herabgedrückt wird. Es genügt daher schon ein Tongehalt, der bei der üblichen Entnahme der Bohrproben gar nicht auffällt, um den freien Porenraum progressiv zu vermindern.

Außer dem Porenraum sind noch die Kornzusammensetzung (Struktur), die Kornform und die Lagerungsdichte mitbestimmend für den Durchlässigkeitswert.

Jede geologisch-stratigraphische Einheit ist in hydrologischer Beziehung inhomogen, daher entspricht der Wert einer Einzelprobe dem eines Zufallswertes.

Noch schwieriger ist ein Mittelwert für einen ganzen Schichtenkomplex anzugeben. Man hält sich zuviel an Zahlenwerte, welche für reine Massen von Sand, Kies und Schotter bestimmt worden sind, statt den großen Einfluß auch nur kleiner Tonbeimengungen (Lehm) zu berücksichtigen.

Aus Sicherheitsgründen wird man ferner in der Wasserversorgung mit kleineren und in der Wasserabwehr (Grundwasserabsenkung) mit größeren Werten rechnen.

Durch die neueren Erkenntnisse in den Nachbargebieten, in den Naturwissenschaften und in der Technik, und durch die Erfahrungen im Versuchswesen, im Labor, wie auf dem Bohrfelde, hat sich das frühere Bild der Begriffe, der Vorstellungen und demgemäß auch die Schätzung der Zahlenwerte sehr geändert.

11. Das hydrographische Beobachtungsnetz

Im Laufe der Tätigkeit der Studienkommission hat sich die Überzeugung allgemein durchgesetzt, daß das zur Zeit der Inangriffnahme der Studien vorhandene hydrographische Netz für die besonderen Zwecke und angesichts der verwickelten Verhältnisse nicht genügt.

Es ist daher notwendigerweise zu einer Verdichtung des Netzes gekommen. Diese wurde etappenmäßig durchgeführt.

Auf irgendeinem anderen Gebiete, sei es im Bauwesen, im Wasserbau oder im Bergbau usw., können Unterlassungen von Baugrunduntersuchungen oder ähnliches sowohl beim generellen Projekt als auch beim Detailprojekt nachgeholt werden. In jenen Gebieten, welche von den

Beobachtungen an Naturerscheinungen ausgehen, wie in der Hydrographie, bedeutet jede Unterlassung einen immerwährenden Verlust für die Zukunft, der niemals mehr nachgetragen werden kann. Deshalb soll auch eine Meßstelle nie aufgelassen werden, es sei denn, ihre Lage hätte sich im Laufe der Beobachtungszeit als ungünstig herausgestellt. Dann aber wäre sie durch eine andere Meßstelle von günstigerer Lage zu ersetzen. Die Entwicklung strebt nach einem immer dichteren Beobachtungsnetz. Auch aus diesem Grunde kommen Auflassungen nicht in Frage, sondern nur Neuanlagen.

Das Gesagte gilt nun ganz besonders für den Grundwasserbeobachtungsdienst. Das Netz der Grundwasserbeobachtungsstellen ist besonders erst in den letzten Jahren verdichtet worden. Veröffentlicht sind bisher nur die Beobachtungen in den wichtigsten Grundwassergebieten [32]. Das Gebot der Zeit verlangt eine viel größere Zahl von Grundwasserbeobachtungsstellen für das gesamte Bundesgebiet, wie es in anderen Staaten schon längst durchgeführt ist. Auch die Gemeinde Wien hat in den letzten Jahren die Zahl ihrer Grundwasserbeobachtungsstellen im Stadtgebiete ganz wesentlich erhöht.

Dazu kommt noch folgender beachtenswerter Umstand. Für die Auswertung bei Grundwasserspiegelschwankungen in großflächigen Räumen und für die Auswertung der einzelnen Jahresganglinien des Grundwasserstandes gibt es neuere Methoden, die gegenwärtig zum Teil noch in Entwicklung stehen. Durch diese verfeinerten Methoden hat sich aber gezeigt, daß sich von einem größeren Gebietsnetz nur einige wenige Grundwasserstationen als geeignet erwiesen haben, nämlich nur jene, deren Wasserspiegel frei ist von allen natürlichen und künstlichen Störungseinflüssen. Natürliche Störungen ergeben sich an den Hangfüßen, durch Flußwasserversickerungen und durch Entwässerungsabschnitte (Auftrieb), künstliche durch Grundwasserentnahmen, durch Bewässerungen und Entwässerungen. Solche Störungseinflüsse zeigen sich erst bei der Auswertung. Für eine generelle Übersicht über die Grundwasseroberfläche gelten derartige strenge Anforderungen nicht, jedoch muß eine Auslese für jedes Teilgebiet mindestens eine geeignete Beobachtungsstelle ergeben. Eine dritte Gruppe von Grundwasserbeobachtungsstellen ist für die Störungszonen selbst (Infiltrationsabschnitte, Entwässerungsabschnitte der Gewässer, zuströmendes Hanggrundwasser) erforderlich.

Die Kommission hat sich mit diesen Fragen beschäftigt und wird es auch noch weiterhin tun. Sie wird sich sehr für eine Verdichtung des Grundwasserbeobachtungsnetzes einsetzen. Für eine solche Verdichtung sind bereits Vorschläge eingebracht worden, insbesondere für den Raum westlich von Wiener Neustadt und den Rauchenwarther Riegel.

Die Messung des oberirdischen Abflusses ist die unabdingbare Voraussetzung für die Ermittlung der Grundwasserfließe. Von der Forderung, daß jeder Entwässerungs- und Versickerungsabschnitt eines Gewässers durch je zwei Gewässermeßstellen erfaßt wird und daß in Gewässerstrecken mit tagsüber veränderlichem Durchfluß Schreiber eingebaut werden müssen, kann für die Detailuntersuchung eines Teilgebietes nicht abgegangen werden.

V. Schlußwort

Schon vor genau 90 Jahren hat die Wasserversorgungskommission des Gemeinderates der Stadt Wien erkannt, daß für die Wasserversorgung Wiens „kein Opfer zu groß erscheinen dürfe". Es wurde damals durch Vermessungen und Untersuchungen mit verhältnismäßig primitiven Mitteln und Unterlagen und unter erschwerenden Verhältnissen Hervorragendes geleistet. Dem Berichte vom Jahre 1864 mit seinem Beilagen-Atlas muß heute noch die höchste Anerkennung gezollt werden. Der Bau der I. Wiener Hochquellenleitung war eigentlich schon im Jahre 1863 sicher, wenn auch die Verwirklichung noch sehr viele Jahre erforderte. Die Gemeinde stand damals vor ungeheuren finanziellen Leistungen: für die Wasserversorgung, für die Stadterweiterung, für das Gaswerk usw. Auf die Frage des damaligen Bürgermeisters ZELINKA an den Gemeinderat E. SUESS, den führenden Geologen seiner Zeit, was ihm von den nächsten großen Aufgaben am wichtigsten erscheine, antwortete er: „Die Gesundheit." Gemeint war das Quellwasser, der Kaiserbrunnen. Die Durchführung der kaiserlichen Schenkung der Hauptquelle durch das Finanzministerium erforderte allein über zwei Jahre [33].

Man darf sich auch heute nicht verhehlen, daß selbst im Falle baldiger Herausgabe einer Rahmenverfügung mit der Sicherstellung der günstigsten Grundwasserräume für die III. Wasserversorgung Wiens, welche zugleich eine Länderwasserversorgung sein soll, die Schwierigkeiten erst beginnen werden.

In den vergangenen 90 Jahren ist die Grundwasserfrage in diesem Gebiete zu wiederholten Malen angeschnitten und die Untersuchung begonnen, aber niemals zu Ende geführt worden.

Es ist daher mit allen Kräften und Mitteln dahin zu wirken, daß diesmal, unter wesentlich günstigeren Verhältnissen, nämlich mit dem Rüstzeug der Erfahrungen in Vorarbeiten zu Großwasserwerken und mit den Fortschritten der einschlägigen Wissensgebiete, die Arbeiten weitergeführt werden, um nach erschöpfender Erforschung zu der dringend erforderlichen Grundwasserwirtschaft in diesem vielbeanspruchten Gebiete zu gelangen, wobei sich dann die Lösung für die zweckmäßigste und wirtschaftlichste III. Wiener Wasserleitung, die nur auf Grundwasser gestellt werden kann, von selbst ergibt. Ein Grundwasserwirtschaftsplan des südlichen Wiener Beckens wäre überhaupt ein Novum und könnte für viele andere große Grundwasservorkommen richtunggebend sein [34].

Ein beredter Mahner für die Unaufschiebbarkeit und Vordringlichkeit der Lösung der Wiener Wasserfrage sind die in den letzten Jahren bereits aufgetretenen Wasserklemmen. Sowohl in der Frostperiode als aber auch in außergewöhnlich trockenen Sommermonaten tritt ein Absinken der Quellergiebigkeit im Bereiche der I. und der II. Wiener Hochquellenleitung regelmäßig ein. Die I. Wiener Hochquellenleitung samt den angeschlossenen Grundwasserwerken, die in normalen Zeiten 100.000 bis 120.000 m³/Tag liefert — die der Kapazität der Fernleitung entsprechende Höchstmenge von 200.000 m³/Tag wurde bisher nur an wenigen einzelnen Tagen erreicht —, ging zum Beispiel im Winter 1953/54 zeitweise bis auf 70.000 m³/Tag zurück, und einschließlich der konzedierten Notmaßnahmen pendelte ihre Lieferung während dieser Kälteperiode zwischen 80.000 und 90.000 m³/Tag.

Die II. Wiener Hochquellenleitung reagiert gleichfalls bei solchen abnormen Niederschlags- und Temperaturverhältnissen in ungünstigem Sinne, so daß sich die Wasserknappheit besonders kraß auswirkt. Zudem sei noch gesagt, daß in der Sommerperiode eines abnormen Trockenjahres das verringerte Wasserangebot einem beträchtlich höheren Bedarf als im Winter gegenübersteht, wobei in diesem Falle Beschränkungen im Wassergebrauch unvermeidlich werden.

Durch die Vollendung des Leitungsspeichers werden solche Klemmen — besonders kurzfristige — wesentlich gemildert werden können. Doch wäre es ein verhängnisvoller Irrtum, zu glauben, daß mit dem Leitungsspeicher die Sorgen um die Wasserversorgung Wiens für Jahrzehnte gebannt werden könnten. Der Wasserbedarf ist im allgemeinen, besonders aber in seinen Extremwerten, in unaufhaltsamem Ansteigen begriffen. Die Verwirklichung wenigstens der ersten Ausbaustufe der III. Wiener Wasserleitung muß bereits für die nächste Zukunft ins Auge gefaßt werden.

Literaturverzeichnis

[1] S t e i n w e n d e r, A.: Ein gestaffelter Konsens. Gas, Wasser, Wärme (Wien), 3. Jg. (1949), Heft 3.

[2] S t e i n w e n d e r, A.: Der Leitungsspeicher an der I. Wiener Hochquellenleitung. Gas, Wasser, Wärme (Wien), 9. Jg. (1955), Heft 1, 2.

[3] G e i l h o f e r, F.: Wärmetechnische Vorgänge in Großwasserspeichern. Gas, Wasser, Wärme (Wien), 7. Jg. (1953), Heft 6.

[4] S t e i n w e n d e r, A.: Die Bedeutung der Wasserstrahlpumpe im Betrieb der Wiener Wasserwerke. Der Aufbau (Wien), 10. Jg. (1955), Heft 6.

[5] S t e i n w e n d e r, A.: Wasserversorgungsverbundwirtschaft an der I. Wiener Hochquellenleitung. Der Aufbau (Wien), 7. Jg. (1952), Heft 4.

[6] S e i d l i n g, J.: Die Gruppenwasserversorgung des nördlichen Burgenlandes. Österreichische Wasserwirtschaft (Wien), 5. Jg. (1953), Heft 5/6.

[7] L i e p o l t, R.: Österreichische Abwasserprobleme. Gas, Wasser, Wärme (Wien), 9. Jg. (1955), Heft 4.

[8] S e i d l i n g, J.: Probleme der modernen Siedlungswasserwirtschaft. Österreichische Wasserwirtschaft (Wien), 1. Jg. (1949), Heft 5/6.

[9] M ü l l e r, H.: Der Österreichische Wasserkraftkataster. Österreichische Wasserwirtschaft (Wien), 7. Jg. (1955), Heft 3.

[10] K o e h n e, W.: Neuzeitliche Vorarbeiten für eine geplante Wasserentnahme aus dem Grundwasser. Die Wasserwirtschaft (Stuttgart), 43. Jg. (1953), Heft 12.

[11] S c h o n n o p p, G.: Vom Wert des Wassers. Wasser und Boden (Bonn), 5. Jg. (1953), Heft 11.

[12] S t e i n w e n d e r, A.: Grundwasseranreicherungsprobleme bei den Wiener Wasserwerken. Gas, Wasser, Wärme (Wien), 7. Jg. (1953), Heft 10.

[13] R u m p e l, G.: „Bericht über Bohrungen in der Gemeinde Schranawand und Projekt für die Stadt Mödling" im Kommissionsprotokoll Mag. Wien (1902). (Nicht veröffentlicht.)

[14] S t e i n w e n d e r, A.: Die Zukunft der Wasserversorgung der Stadt Wien. Z. d. Österr. Ing.- u. Arch.-Vereines (Wien), 93. Jg. (1948), Heft 3/4.

[15] K ü p p e r, H.: Geologie und Grundwasservorkommen im südlichen Wiener Becken. Jahrbuch der Geol. Bundesanstalt (Wien), 97. Bd. (1954), Heft 2.

[16] S c h a f f e r, F. X.: Geologie von Österreich. Verlag Deuticke, Wien 1951.

[17] S t i n i, J.: „Geol. Gutachten, betreffend Ergänzung der Wasserversorgung Wiens aus dem Grundwasser Mitterndorf-Moosbrunn", vom 2. Juli 1928. (Nicht veröffentlicht.)

[18] K ü p p e r, H.: Geologische Karte der Umgebung von Wien. Geol. Bundesanstalt, Wien 1952.

[19] G ö t z i n g e r, G. u. G r i l l, L.: Erläuterungen zur geologischen Karte der
Umgebung von Wien. Geol. Bundesanstalt, Wien 1954.

[20] K ü p p e r, H.: Die Charakterisierung von Gewässern durch Temperatur-
messungen. Österreichische Wasserwirtschaft (Wien), 6. Jg. (1954), Heft 4.

[21] S c h i n z e l, A. u. N i e t s c h, B.: „Gutachten über die Wasserunter-
suchungen d. Fischa-Dagnitz-Ursprunges" (1948). Medizinaluntersuchungs-
anstalt des Gesundheitsamtes der Stadt Wien. (Nicht veröffentlicht.)

[22] K o c h, G.: „Die Ergiebigkeiten von Grundwasserentnahmen in Blumau
1915 bis 1917." Bericht an die Studienkommission für die Wasserversorgung Wiens. 1948. (Nicht veröffentlicht.)

[23] G r a s s b e r g e r, R.: „Untersuchungen über die Güte des Grundwassers
von Blumau." 1915. (Nicht veröffentlicht.)

[24] G r e n g g, R.: Geologie und Wasserversorgung unter Berücksichtigung von
Blumau am Steinfelde. Z. d. Österr. Ing.- u. Arch.-Vereines (Wien),
72. Jg. (1920), Heft 11.

[25] F r i e d l, K.: „Über die jüngsten Erdölforschungen im Wiener Becken."
Petroleum (Berlin u. Wien), 23. Jg. (1927), Heft 6.

[26] K l e e b, M.: Das Wiener-Neustädter Steinfeld. Geogr. Jahresbericht aus
Österreich (Wien), Jg. 1942, Heft 10.

[27] S i t t e, F.: Neuere Methodik der Grundwasserkartierung. Z. d. Österr. Ing.-
u. Arch.-Vereines (Wien), 100. Jg. (1955), Heft 9/10 u. 11/12.

[28] G r a v é, H.: Hydrologische Studien. Verlag Hölder, Wien 1887.

[29a] Stadtgemeinde Wr. Neustadt: Kanalisierung und Fischaregulierung. Verlag
der Bezirkshauptmannschaft Wr. Neustadt, Wr. Neustadt 1928.

[29b] F e l b e r, V.: „Hydrologische Untersuchungen für das Kanalisierungs-
projekt von Wr. Neustadt." 1946/47. (Nicht veröffentlicht.)

[30] S c h r o e d e r, G.: Die Bedeutung des Grundwassers als Wasserreserve.
Das Gas- und Wasserfach, Ausgabe Wasser (München u. Berlin), 90. Jg.
(1949), Heft 15.

[31] T r a p p l, A.: Der Wasserhaushalt in gedränten, schweren Böden. Österreichische Wasserwirtschaft (Wien), 7. Jg. (1955), Heft 4.

[32] Hydrograph. Dienst in Österreich: „Grundwasserstände 1930 bis 1947 im
Marchfeld, Tullnerfeld, Steinfeld und in der Welser Heide." Hydrographisches Zentralbüro, Wien (1948).

[33] S u e s s, E.: „Erinnerungen 1916." Archiv des Wiener Stadtbauamtes.

[34] K e l l e r, R.: Natur und Wirtschaft im Wasserhaushalt der rheinischen
Landschaft und Flußgebiete. Forschungen zur deutschen Landeskunde
(Remagen), Bd. 57 (1951).

INHALT

SCHRIFTENREIHE DES ÖSTERREICHISCHEN WASSERWIRTSCHAFTSVERBANDES

H. 1—5 vergriffen.

H. 6: **Bermann, R.,** Betrachtungen zur Energiewirtschaft Österreichs. 23 S. 1946, S 6.50.

H. 7: **Hartig, E.,** Wasserwirtschaft und Wasserrecht — Der Österreichische Wasserwirtschaftsverband. 25 S. 1947, S 7.—.

H. 8. **Vas, O.,** Über das Unterwasserkraftwerk. 22 Abb. 67 S. 1947, S 15.—.

H. 9: **Musil, L.,** Wirtschaftliche Gesichtspunkte für die Großraum-Verbundwirtschaft in der Elektrizitätsversorgung. 15 Abb. 43 S. 1947, S 9.—.

H. 10: **Pönninger, R.,** Die Verwertung der städtischen Abwässer in Österreich. 15 Abb. 67 S. 1948, S 14.40.

H. 11: **Steinwender, A.,** Die Zukunft der Wasserversorgung der Stadt Wien. 8 Abb. 44 S. 1948, S 7.20.

H. 12: **Ramsauer, B.,** Die österreichische Nährflächenreserve — das zehnte Bundesland. 7 Abb. 30 S. 1948, S 5.80.

H. 13: **Vas, O.,** Der Anteil Österreichs an der elektrizitätswirtschaftlichen Gemeinschaftsplanung in Europa. 13 Abb. 27 S. 1948, S 6.60.

H. 14: **Böhmer, H.,** Über den derzeitigen Stand der Bauarbeiten am Tauernkraftwerk Kaprun. 22 Abb. 50 S. 1949, S 12.—.

H. 15: **Fritsch, J.,** Talsperrenbeton. 4 Abb. V, 34 S. 1949, S 7.20.

H. 16: **Sitte, F.,** Wasserwirtschaftstagung 1949 in Bad Ischl, Oberösterreich. — Jahresbericht 1948 des Österreichischen Wasserwirtschaftsverbandes. 11 Abb. III, 70 S. 1949, S 19.20.

H. 17: **Kieser, A.,** Gewässerkundliche Grundlagen der Anlagen und Projekte der Vorarlberger Illwerke A. G. 21 Abb. III, 36 S. 1949, S 7.20.

H. 18: **Steinwender, A.:** Über Düsen, Wasserstrahlpumpen und Heber. 33 Abb. III, 47 S. 1950, S 14.40.

H. 19: **Fritsch, J.,** Der heutige Stand der Massenbetontechnik. 15 Abb. 37 S. 1950, S 12.—.

H. 20: **Baumann, F.,** Vom älteren Flußbau in Österreich. 10 Abb. IV, 44 S. 1951, S 14.40.

H. 21: **Kieser, A.,** Die „Kernring-Auskleidung" im Druckstollen „Kops-Vallüla" der Vorarlberger Illwerke A. G. 12 Abb. III, 31 S. 1951, S 10.—.

H. 22: **Vas, O.,** Probleme der Kraftwasserwirtschaft in Mitteleuropa. 27 Abb. III, 60 S. 1952, S. 16.—.

H. 23: **Grengg, H.,** Das Großspeicherwerk Glockner-Kaprun. 10 Abb. V, 35 S. 1952, S 14.—.

H. 24: **Fritsch, J.,** Amerikanischer Talsperrenbau. 22 Abb. III, 51 S. 1952, S 20.—.

H. 25: **Liepolt, R.,** Abwasserwirtschaft in Österreich. **Koziel, O.,** Abwasserwirtschaft in Kärnten. 10 Abb. V, 40 S. 1953, S 18.—.

H. 26/27: **Grabmayr, P.,** Wasserrechtliche Berufungsentscheidungen und Erkenntnisse 1949 bis 1952. III, 73 S. 1953, S 30.—.

H. 28/29: **Hartig, E.,** Internationale Wasserwirtschaft und internationales Recht. 102 S. 1955, S 42.—.

H. 30: **Vas, O.,** Wasserkraft- und Elektrizitätswirtschaft in der Zweiten Republik. 48 S., 39 Tafelbild., 9 Abb., 9 Tab., 1956, S 36.—.

Übersichtskarte der Grundwasserverhältnisse im Südlichen Wiener Becken

Entwurf:

Geologische Bundesanstalt und Hydrographisches Zentralbüro

Maßstab 1:100.000

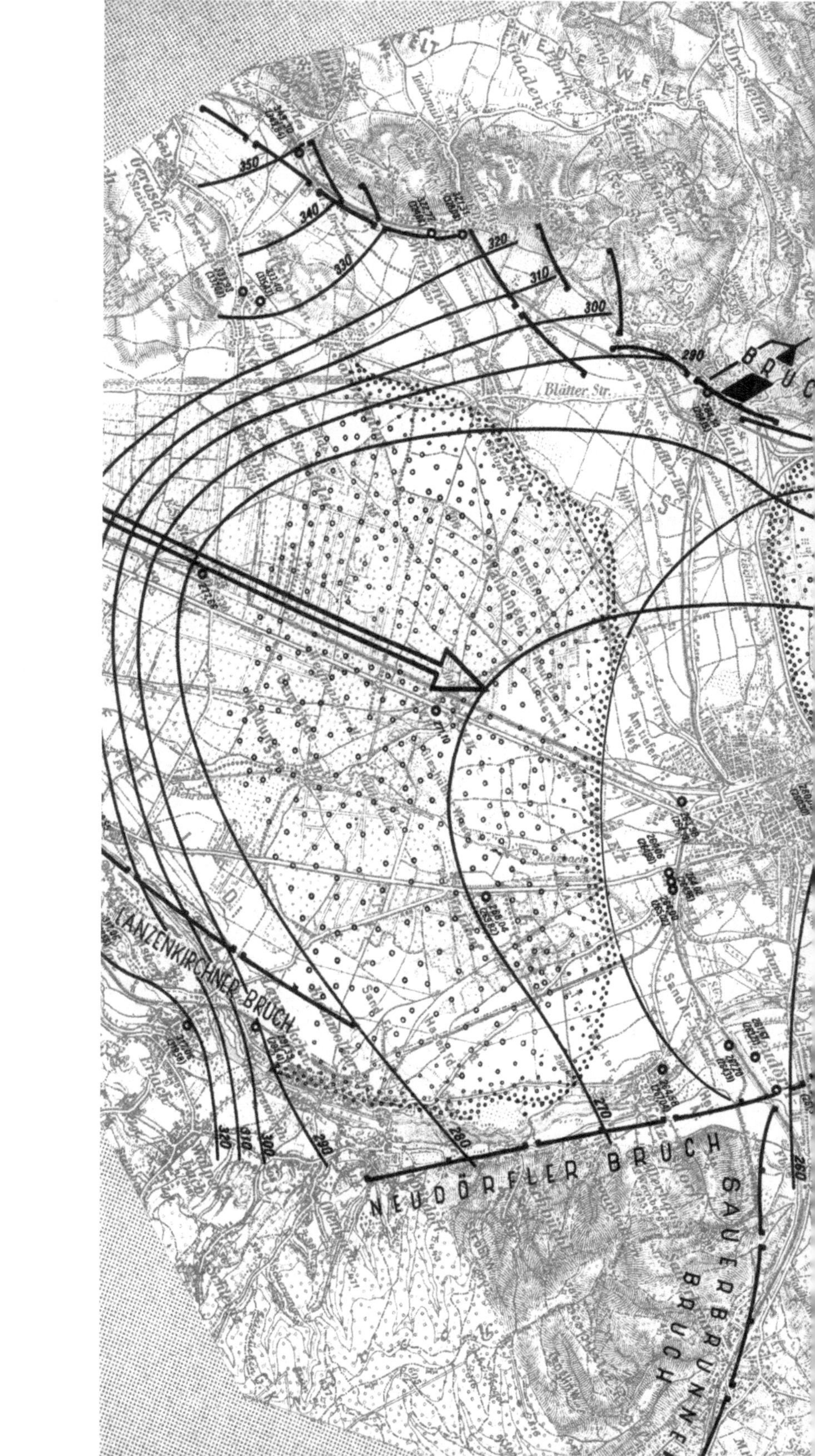

NEUE WELT
Urtusof.
Blätter Str.
LANZENKIRCHNER BRUCH
NEUDÖRFLER BRUCH
SAUERBRUNNER BRUCH
BRUC
350
340
330
320
310
300
290
280
270
320
310
300
280

N
BADEN
LEOBERSDORF
AND EISCHAU
SOLLENA
Leobersdorf
Theresienfeld
Wiener Feld
Fischa Fd.
Haidäcker
Kreutzfeld Ar.
Brunnweg fd.
Neufeld
Fuchsieten Ar.
Fahren A.
Ob. Ftda
Mütterberg
AUFGELASSENE KOHLENBERG-WERKE
250
240
230
220

EICHKO BRUCH
W. NEUSTÄDTER KAN.
MOOSBRUNNER BRUCH
GOLDBERG BRUCH
Piesting
Münchendorf
Schwechat
Mitterndorf
Kalter Gang

MIX
Papier aus verantwortungsvollen Quellen
Paper from responsible sources
FSC® C105338

If you have any concerns about our products,
you can contact us on
ProductSafety@springernature.com

In case Publisher is established outside the EU,
the EU authorized representative is:
**Springer Nature Customer Service Center GmbH
Europaplatz 3, 69115 Heidelberg, Germany**

Printed by Libri Plureos GmbH
in Hamburg, Germany